U0162945

人工智能大揭秘

（上册）

［意］特尔莫·皮埃瓦尼　　［意］费德里科·塔迪亚　著

［意］克里斯蒂娜·波托拉诺　绘

张　谊　张羽扬　译

河南科学技术出版社

·郑州·

TERRA IN VISTA! by Federico Taddia, Telmo Pievani

© 2019 MondadoriLibriS.p.A., Milano

Illustrations by Cristina Portolano

The simplified Chinese translation rights arranged through Rightol Media （本书中文简体版权经由锐拓传媒旗下小锐取得Email:copyright@rightol.com）

备案号：豫著许可备字-2022-A-0097

图书在版编目（CIP）数据

人工智能大揭秘. 上册 / (意)特尔莫·皮埃瓦尼，(意) 费德里科·塔迪亚著；(意)克里斯蒂娜·波托拉诺绘；张谊，张羽扬译.—郑州：河南科学技术出版社，2023.3

ISBN 978-7-5725-1055-7

Ⅰ. ①人…　Ⅱ. ①特…　②费…　③克…　④张…　⑤张…　Ⅲ. ①人工智能-青少年读物　Ⅳ. ①TP18-49

中国国家版本馆CIP数据核字（2023）第023727号

出版发行：河南科学技术出版社
　　　　　地址：郑州市郑东新区祥盛街 27 号　　邮编：450016
　　　　　电话：（0371）65788613　65788642
　　　　　网址：www.hnstp.cn
策划编辑：孙春会
责任编辑：孙春会
责任校对：耿宝文
封面设计：张　伟
责任印制：张艳芳
印　　刷：河南新达彩印有限公司
经　　销：全国新华书店
开　　本：787 mm × 1092 mm　1/16　　印张：5　　字数：105 千字
版　　次：2023 年 3 月第 1 版　　2023 年 3 月第 1 次印刷
定　　价：69.80元（全2册）

好奇心是生命的燃料。
——皮耶罗·安吉拉（Piero Angela）

向我们最爱的"智人"——莱昂纳多（Leonardo）、卢卡（Luca）、朱莉娅（Giulia）、埃多阿尔多（Edoardo）和亚科波（Iacopo）致敬！

关于作者

特尔莫·皮埃瓦尼（Telmo Pievani）

进化论者、科学哲学家，在帕多瓦大学生物系任教，开设了生物学哲学、生物伦理学和自然主义传播等课程。他主要从事研究、写书、策展和举办科学节的工作。他是专门从事进化研究的门户网站"Pikaia"的负责人。

费德里科·塔迪亚（Federico Taddia）

记者、作家、主持人，他向来喜欢向年轻群体深入浅出地讲授复杂的知识。他在广播、电视、网络、学校、剧院等领域都从事过相关工作。他凭借《最强大脑》（*Teste Toste*）一书赢得国际安徒生奖。

两人一起合著了《为什么我们是母鸡的亲属？》和《无用的雄性》；在Dea Kids（意大利电视频道名）电视频道上推出了电视节目《大爆炸！进化之旅》，并与Osiris（乐队名）乐队一起，在巡回演出中把科学带进剧院，搬上荧幕。此外，两人还在24号电台一同普及本书涉及的专业知识。

引言

最好的答案应该

能给人以启迪

"最好的答案应该能给人以启迪！"这句话是不是很耐人寻味？你们知道这是谁说的吗？这句话是我们的朋友玛格丽塔·哈克（Margherita Hack）说的。她是一位非常优秀的科学家，同时也可能是这个世界上最不修边幅的人。她在每个答案中寻找问题，《人工智能大揭秘》由此诞生。起初，它是一个广播节目，现在成为一本书。《人工智能大揭秘》为我们呈现了一场穿越时间的旅行，一场通往未来的旅行。这场旅行，我们正在路上。触摸屏、显示器、语音助手、无人机、自动驾驶的太阳能汽车等的出现让我们的生活越来越智能，越来越便利。现实可以超越一切幻想，自然总是会创造出超出我们想象的事物。我们决定从身边的事物开始讲起，同时我们也发现，其实我们对身边的事物仍然所知甚少。为此，我们采访了科研领域中的众多领军人物（科学家、研究员），尝试了解他们研究的内容、工作的情况、筹备的项目，探寻他们每天如何满足自己的探索欲。我们收集了专家的录音，在24号电台推出了一档节目，并在Audible（意大利广播电台）上制作了播客。由于他们讲述的内容实在太过精彩，因此我们想更深入地了解这些话题，并在这里分享给你们。

"科学"是一个美好的词语，因为它涵盖所有知识，使我们可以通过实验、观察和推理来了解自然界的现象，探索未知的事物。科学是一种观察世界的方式，而且，随着时间的推移，随着知识的积累，我们心中的疑惑会只增不减。

"**技术**"也是如此。一提到技术，我们立即会联想到发明机器（如机器人、仪器或计算器）的能力。人们通过发明机器来改变世界，帮助我们完成日常工作、处理繁重的工作，甚至帮助我们完成前所未有的壮举（比如登月、探索火星）。在这本书中，你会发现，我们会频繁提及某些词汇，比如"**灵感**"。灵感是文化发展的基础，它可以变成一项发明、一次创新、一种思想、一个概念、一种理论、一个假设或一种观点。灵感诞生之后，会在代代相传中不断演变。

或许我们用"**进化**"一词来表述更加准确。这一词汇概括了不断变化、多样性发展的宏阔自然史，这部历史就像一棵大树。在38亿年的时间里，这棵树不断成长，形成了地球极具多样性的生物体系，而这些生物也有各自生存、繁衍的方式与策略，以适应不断变化的环境。我们人类便是这棵树的一个分支，而科学和技术则教会我们如何在不破坏自然的情况下更好地生活。

还有"**道德**"，它意味着在做出可能对周围人的生活产生影响的决定时，我们要对自己的言行负责，对他人和环境负责，也要对子孙后代负责。那么这一切与芯片、电路、算法、软件和蒸馏器，又会有怎样的联系呢？

通过书中不同专家充满激情的探索和日复一日的努力，你们很快就会明白它们之间的关系。如果你时常听见自己发出"哇！！！"的感叹，那么，这就是惊喜的感觉。在很多时候，科学家在寻找某些东西时，常常会有意想不到的发现。或许正在阅读这本书的你们，也会有相似的境遇。

惊喜之余，我们发现某件事与我们的预期大相径庭，让我们感到惊讶，甚至震惊，意识到自己对许多事情还缺乏了解。而在此之前，我们甚至没有意识到自己的无知！这会迫使我们用不同于以往的方式去思考。简言之，惊喜会使我们成长，让我们更好地生活，让我们与自己、与他人、与地球和谐相处——这便是科学和技术的核心。

特尔莫·皮埃瓦尼（Telmo Pievani）

费德里科·塔迪亚（Federico Taddia）

目录

我们与意大利摩德纳-雷焦·艾米利亚大学的人工视觉教授**丽塔·库奇亚拉**（Rita Cucchiara）聊了聊人工智能。

人工智能
到底是什么？

我觉得，人工智能就是机器人。

"人工"的意思是它是由人类创造的。

这种智能比其他类别的智能更高级。

如果制造物品的人很聪明，那么制作出的物品也会很聪明。

我们一直在思考，除人类以外，是否存在其他有智力的外星生物：我们在其他星球试图找寻它们的踪迹，但是至今依然无果。我们也曾想过，动物是否和人一样拥有智慧？但我们至今仍然无法确定动物是否有和我们相同的思维模式。那汽车呢？这是个好问题：当汽车与我们对话或提出建议时，它是真的智能还是在假装智能？

智能又是什么呢？

这个问题很难回答。一般来说，智能是指解决现实中的问题的能力：生存、觅食、繁衍，每种生物都有自己的智慧。例如，黑猩猩在某些方面远比我们人类聪明：在很多游戏中，黑猩猩都能轻易打败我们，它们的短时记忆力远超人类，能够轻松记住一系列数字以及数字的顺序。令人惊讶的是，植物也有智慧。然而，与其他生物相比，人类具有一个重要的特性——拥有想象力和创造力，它们是人类智慧的重要组成部分。人类知道如何使用符号和语言，甚至拥有自我欺骗的能力。简言之，每种生物都有自己的聪明之处。

● 什么是"人工智能"？

人工智能是计算机专家和工程师已经研究了很多年的课题。通过人工智能，我们可以设计出能够模仿人类智能行为的技术设备，也就是说这些机器的行为举止和人相似。比如，操纵物体的机器人、能自动驾驶的汽车、能进行推理且能从周围世界学习知识的机器，它们甚至拥有视觉、听觉、触觉和语言的能力。

● "人工"意味着它是一种假的智能吗？

"人工"并不意味着"虚假"。"人工"指的是这种智能是由人类通过计算机、软件和硬件设计出来的。就像人类设计的电子游戏、智能手机、机器人、汽车，还有我们每天用的其他东西一样。

● 这种"不同的"智能会如何改变我们的日常生活？

人工智能已经成为儿童和青少年世界的一部分，比它在成年人世界的存在感要强得多。如今，新开发的电子游戏需要依靠人工智能算法来运行；人们能够与智能手机对话，手机能够领会我们的信息，然后用事先录好的声音回答……这些都是人工智能。而开始"自动驾驶"的汽车就更

不用说了，我们会渐渐习惯它们的存在。

● "智能"机器也能改变自身的想法，或者自己做决定吗？

一般情况下，我们很难确定机器自己有没有主意或思想。但是，机器可以通过它的软件来理解正在发生的事情。比如，当我们看到一个装有液体的透明杯子时，我们知道，如果我们不小心把它碰到地上，它就会碎掉，因为杯子是玻璃制成的。即使没有碰掉杯子的经历，我们也照样明白这一点。由此，我们可以预见，如果不小心把杯子碰掉地上，会有什么样的后果。机器也能做到这一点，当它与外界互动时，它也会对即将发生的

事情产生预判。

● **就目前而言，机器还不会思考，它对世界仅仅有一个大体的概念。而在未来又会发生什么呢？**

要对此进行预测实非易事，学者正在这个学科中迈出第一步。人们常说，人工智能的发展就像电力的发展一样：点燃第一个火花之后，还需要拓展相关服务和发明设备，而这需要工程师和信息学家的努力。还有很多东西尚待发掘，这也正是今天从事这项工作的人们斗志昂扬的原因。经过多年的研究，我们终于看到了第一批成果，而这仅仅是开端。

● **需要学习和掌握什么，才能在人工智能领域工作？**

首先需要学习数学和哲学，这是两门非常重要的学科，因为逻辑是基础。要从哲学基础知识着手，还需要深入理解数学，这一点至关重要。在学校里，哲学研究总是被忽视，它需要更大的发展空间，哲学是至关重要的。同时，在文科专业里加入数学研究，也是同样重要的。

信息工程和信息科学这两个大学学科，旨在培养人工智能系统的设计者和制造者。

"如果用错误的信息来指导机器人，那它给出的答案必然是错误的。但是，有时即使我们提供的信息是正确的，它也有可能给出错误答案……人工智能仍有很大的进步空间。"

——丽塔·库奇亚拉

● **人工智能也会犯蠢吗？它会让我们生气吗？**

人工智能其实很蠢！机器和机器人很容易被骗。而且，不论让它们做什么，都需要先让它们学习并记住人类提供的数据，来获得行动指令。它们执行的每个手势、每个动作，都需要程序员用大量的实例来指导它们。

💡 **思考**

这就是人工智能！一个实际上仍然很"蠢"的智能。我们给它编程，是为了解决我们关注的问题。机器除了能下棋，还可以在许多方面给我们提供帮助，但是，这一切的前提都是我们的智慧。机器永远不会有自我意识，除非我们设法模拟出人类的整个大脑。这个过程相当复杂，因为我们必须给机器人造一个身体，为它创造社会关系和个人情感……

有的科学家正在尝试开辟另一条道路。他们在设计机器人时并不模仿人类，而是将它做得极其微小，堪比蚂蚁。机器虽小，却依然拥有先进的智能。设计完成后，科学家任由机

智能家居

可开灯的
语音助手

无线网络风扇

可列出购
物清单的
冰箱

可自动播
放你最喜
欢的节目
的电视

监测可疑人员的防盗报警器

器人自行发展：允许它们互动，给它们足够的时间自行学习、在集体中学习。在许多学者看来，这才是人工智能。但是，从这些实验中，又衍生出了新的问题：机器人逐渐获得了一种与人类智力并不相同的智力。如果这些机器人不把我们视为"朋友"，会发生什么？它们还会尊重和爱护我们吗？或者正相反，它们会把人类看作必须消灭的讨厌鬼？

人们常常会有这种忧虑。早在19世纪，英国的伟大作家塞缪尔·巴特勒（Samuel Butler）就指责达尔文（提出进化论的学者），说："你已经把进化的秘密解释得清清楚楚。你知道以后会发生什么吗？我们会制造机器，教它们进化，而它们终将取代我们！"

🧪 灵光一现

程序员与机器人的游戏

所需物品

一张纸
一支笔
遮住眼睛的手帕或头巾
一个苹果

1 两个玩家：一个扮演机器人，另一个扮演程序员。第一步，"程序员"决定"机器人"应该做什么：比如让"机器人"去厨房吃一个苹果。

2 "程序员"编写"代码"，指导"机器人"。每个命令都会指导"机器人"完成某个任务，分别与选定的颜色相对应。比如，红色对应"直走"，黄色对应"右转"，绿色对应"举起手臂"，蓝色对应"张开嘴巴"，等等。

3 "机器人"学会"代码"后，需要把他的眼睛蒙上。"程序员"发出各个颜色对应的指令"代码"，让"机器人"在不看颜色的情况下，按照"代码"做动作。

4 你还可以添加其他颜色，甚至加入数字，让游戏变得更复杂。甚至可以试试为"机器人""编程"，使其完成更复杂的动作……你会发现，"机器人"和"程序员"的工作，到底有多么困难！

❸ 关于人工智能要记住的3件事

☑ 人工智能不是一种虚假智能，它只是一种"不同寻常"的智能。

☑ 人工智能可能会做蠢事！

☑ 即使是吃苹果这样的简单动作，对机器人来说都非常困难。

我们与比萨大学的航空工程师和研究员**维托里奥·西波拉**（Vittorio Cipolla）聊了聊无人机，他主要从事创新飞机和无人机项目的研究。

为什么我们
着迷于无人机？

 无人机是一种远程控制机，主要用于娱乐或侦察。

 无人机是一个带螺旋桨、会飞的玩具!

 无人机可以飞越世界上最大的火山！

 无人机是一种带有摄像头的飞行器，用于从上空俯拍视频和照片。

 无人机之所以能飞，是因为它有螺旋桨。

在未来，我们将越来越频繁地听见无人机在头顶上嗡嗡作响的声音，它们并不是昆虫。无人机的主要功能是：监视，拍照片、视频，替我们去遥远的地方执行任务。人们很喜欢这种技术玩具，但是，使用时我们必须小心操控它们。

事实上，无人机一直存在……

在人类历史中，无人机几乎是所有伟大发明家的梦想，他们幻想有一天能够发明一台无人驾驶的飞行器。1915年，尼古拉·特斯拉（Nikola Tesla）率先尝试建造了第一台无人机。它在第二次世界大战期间首次飞行，用于监视和侦察活动。

如今，无人机可以运送包裹，辅助农业生产，并协助制作探索大自然的视频，给观众营造一种潜入海洋或进入动物洞穴的体验感。

无人机（英文：drone）因自

无人机

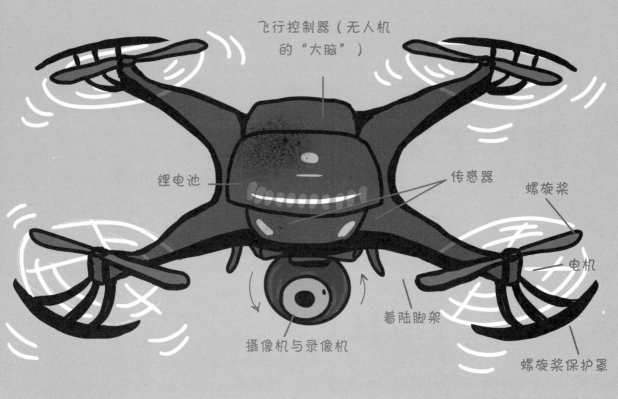

飞行控制器（无人机的"大脑"）

锂电池

传感器

螺旋桨

电机

着陆脚架

摄像机与录像机

螺旋桨保护罩

然界中的雄蜂（英文：drone）而得名，即那些与蜂王交配，使其受精的雄蜂。

● 什么是无人机？

无人机是一种可遥控的飞行物，形态各异、类型多样，很多无人机有特定的功能。它主要用于执行任务，因此与纯粹用于娱乐或运动的模型飞机不同。

● 无人机飞行起来像飞机一样，还是像直升机一样？

有的无人机飞起来看起来像飞机，有的飞起来看起来像直升机。现在的无人机更像是直升机。

● 无人机在形状和动作上是否与其他动物类似？建造者的灵感来自大自然吗？

无人机的动作模式类似于蜻蜓：它们可以通过转动螺旋桨在空中保持静止，也可以移动、加速，甚至向任何方向高速前进。

● 为什么要让无人机在空中飞行？

无人机没有特定的功能。它们主要通过录像获取农业或其他领域有用的数据，如用于检查太阳能电池板的状态。它们能够将传感器（通常是摄

像机）带到空中，以录制视频、拍照或收集其他信息。

● **很明显，它并不是靠魔术飞起来的！那么是什么让无人机飞起来的呢？**

通过无人机的智能系统，人们可以操控它：无人机自带一个机载计算机，即使是没有经验的操控人员也能轻松驾驭它。地面上需要一个人通过无线电控制引导无人机，但大部分工作还是由计算机完成的。计算机是高度智能化的，可以控制飞行，并保障无人机始终处于安全状态。

● **是否存在可以运送乘客的无人机？**

研究正在朝这一方向推进，有各种项目旨在开发一种新型无人机，将其作为"出租车"使用。它们可以在城市中穿行，在建筑物的房顶之间移动，以运送乘客。

如今的无人机体积过小，尚且无法做到这一点，但是，一些体积较大的新型号已经面世。我们很快就能看到一些漂亮的大型无人机啦！

● **操控无人机就像玩电子游戏。操控无人机时需要注意什么？**

得益于机载计算机的帮助，操控无人机非常容易。需要注意的一点是，操控无人机时要随时关注它周围的情况，以免误伤他人或损坏公物。

"即使无人机不慎坠毁，也必须确保无人伤亡，操控人员的使命就是尽可能地降低无人机飞行的风险。"

——维托里奥·西波拉

● **无人机的最高飞行纪录是什么？**

互联网上这类信息有很多：有的无人机已经上升到了平流层，拍摄了从太空高度俯瞰地球的壮观照片；有的无人机可以用于比赛，速度高达数百千米每小时。这些无人机都拥有巨大的潜能。在平常工作中，无人机创下的纪录并不多，但是，如果能了解无人机的纪录，也是一项有趣的研究。

● **为什么我们如此喜欢无人机？**

这项技术使我们有机会超越人类的极限，使我们无须冒太大风险便可像鸟儿一样自由地翱翔于天空，观察周围的一切。此外，无人机很容易买到，有了它，我们能够轻易"飞"到数百米的高度。

当然，为保证个人安全，最好事先看看相关指导教程。操控无人机是一项可以轻松掌握的技术，这一点毋庸置疑。它能实现我们的飞行梦想，这也是这门技术备受青睐的原因。

● **无人机是否会迷路？**

在出现问题或故障的情况下，无

人机通常可以独立返回原处。但是，它们的机载计算机有时会出现一些问题，因此，有的无人机能够顺利着陆，有的无人机却会迷路，甚至坠落至地面。

● 未来的无人机是否不再需要操控人员？

其实已经有不需要操控人员的无人机了。但是，无人机有时容易产生一些安全问题，而较为自主的系统一般难以处理这些问题。尽管如此，如今，无人机的自动化程度已经非常高，而且相关技术正在不断提高其自动化程度。

● 那么，会不会有一天，无人机能够提供披萨送货上门服务？

准确配送到每家每户或许不太可能。要想完成这样的任务需要考虑安全因素，操作起来会相当复杂。或者可以设立统一的着陆区域，在区域里，人人都能取到自己点的披萨或几分钟前网购的商品。

💡 思考

无人机有利也有弊。孩子们往往对战争中的无人机或电子游戏中的无人机非常着迷。在意大利，有一项法律规定无人机不得携带武器，尽管无人机是在战争时期发明的，它最初

⚗ 灵光一现
无人机视图

所需物品
纸
笔
身边的随机物品

1 需要两名及以上玩家，将玩家分成两队，每队成员自行选择房间内的三件物品，不要让对方成员知道自己选的物品。你可以选择一个衣服挂件，一支笔架上的笔，一个咖啡杯，一个瓶子，一盆植物，等等。

2 在纸上画出所选物品，每张纸上画一件。绘制物品的俯视图，而非正视图。完成之后，挑战开始。

3 一队向另一队按顺序展示图画，对方尝试猜测画中的物品。每队都要努力猜测画中的内容。每人可尝试一次，每次猜中得一分。得分最多的队伍获胜。通过俯视图来猜测物品，不仅趣味无穷，而且比你想象的要难得多！通过玩这个游戏，你可以像无人机一样，用不同于以往的角度来观察世界。

的制造目的是代替士兵完成有生命危险的任务。但是，如此一来，无人机就被赋予了生杀予夺的权力。

由此，也产生了一个重要的伦理、哲学问题：机器应该代替我们使用武器吗？最后谁负责任？当无人机被人操控，并铸成大错时，操控者应当承担责任吗？但是，当我们用算法对无人机进行编程之后，无人机自行运作，这时候责任又该归谁呢？是该责怪给它编程的人，还是无人机自身呢？

类似的争论屡见不鲜。当第一批远程大炮、远程导弹投入使用时，人们提出过同样的问题。而现如今，通过人工智能制造出来的武器越来越自主，越来越致命。与其试图判定哪一个是最"邪恶"的武器，不如严禁制造作战无人机，尽力避免恐怖的战争。

❸ 关于无人机要记住的3件事

- ☑ 无人机可以像蜻蜓一样在空中保持静止。
- ☑ 经过编程，无人机可以像小狗一样独自回家。
- ☑ 在未来，将会出现无人机"出租车"，它们在屋顶之间来回穿梭，运送乘客。

我们与意大利国家研究委员会（CNR）的研究部负责人**保罗·拉瓦扎尼**（Paolo Ravazzani）聊了聊关于手机信号的问题。

为什么有时
手机收不到信号呢？

我不知道手机是如何运作的，如果有人能向我解释一下就好啦。

在人迹罕至的地方，手机有时接收不到信号。

"不在服务区"意味着没有信号。

手机信号是电磁波，能够保障手机正常运转。

现代技术催生了许多新行为：在商务会议期间，有人会突然起身走到窗前，面向窗外急切地挥动手机；在大自然中散步时，有的人会突然跑到附近的高地，试图从某处接收信号。

有时，智能手机起不到任何作用。

手机的英文为cellphone，可以译为蜂窝电话，这是因为电信网络的基础结构类似于有很多巢室的蜂窝（蜂窝巢室的英文：cell），它借助天线覆盖一个区域。手机在与最近的收发单元"连接"后，方可正常运作。

然而，这一程序操作起来并不容易。如果覆盖区域之间无法连通，或者蜂窝网络覆盖区域面积较小，信号就相对较弱。你既打不出去电话，也不能从网上下载数据。同样的情况在地堡、屏蔽性较强的建筑或洞穴中也时有发生，因为在这些地方，通常无法接收到无线电信号。

此外，还有另一个局限：每一个蜂窝网络的工作能力都是有限的。如果有太多人在同一时间打电话，该区域的工作量可能会超载，这样有的电话就会打不通。所以，我们很难保证信号持续稳定。

● 手机信号到底是什么？

信号描述了空间里某个物理量的大小，这是它的专业定义。但是，我们也可以通过具体的例子来更好地理解它：天气预报中展示的一个城市的温度分布图描述的就是物理量的大小。

与手机信号有关的物理量有电场和磁场，物理学家和工程师热衷于研究它们，因为它们可以显示出电和磁在空间（即在空气中或在某个区域）的轨迹。

即使不是物理学家和工程师，我们对电和磁也有一定的了解：磁铁能产生磁场；如果我们在羊毛衫上摩擦圆珠笔，就会使圆珠笔带电，把圆珠笔靠近纸球，圆珠笔就能把纸球吸起来。

● 这个将我们的设备与另一台设备相连的信号场，是如何传输信号的呢？

手机是接收和发射电磁波的收发器。电磁波由电波和磁波组成，二者

随空间和时间而变化，它们从发射器出发，到达接收器。我们的手机则从发送信号的天线那里接收信号，也能将信号传回去。

● 但是，这些中继器在哪里呢？

大量中继器分散在全国各地。之所以大量分布，是因为电磁波会因传输距离增加和遇到障碍物而衰减，所以我们需要反复使用中继器来放大信号，补偿信号衰减，支持远距离的通信。中继器（有"继续"的含义）也由此得名。中继器遍布全国各地，通常位于高处。在城市里，我们可以在房顶上看到它们；有时，中继器也被安装在塔楼上，特别是在农村地区。有了这一连接设备，无论我们如何移动，手机都能正常运作。

● 为什么我们的手机有时接收不到信号，无法正常运作？

这是因为中继器离我们太远，导致我们的手机无法接收信号，而手机发射的信号也无法到达中继器，毕竟中继器的传输能力会受到距离的限制。收不到信号，还有可能是因为中间存在障碍物。比如，在地下室通信会突然中断，这可能是因为电磁波无法传到地下室。

手机信号的传输

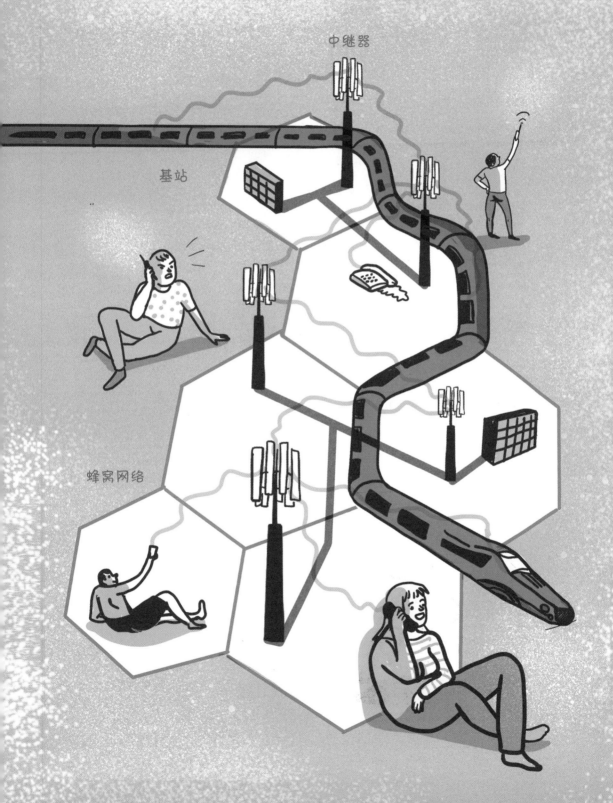

"当我们在地铁上或在车上时，手机会不断地与途中的各个中继器相连接。中继器（有"继续"的含义）也由此得名。"

——保罗·拉瓦扎尼

● 如何增强接收的信号？有人在空中不停地比画，神神秘秘地将手机举向各个方向：这是在干什么？

要想增强信号，就得靠近中继器。但是，我们也可以利用电磁波的反射原理：这就像是我们站在一个摆着几面镜子的房间里，如果用镜面反射灯光，可以形成更亮的光点。以同样的方式，一个微弱的电磁波进入房间后，会被多次反射，有的位置上叠加了多重电磁波，信号也会因此增强。这就是为什么通常情况下，当信号较弱时，只要稍微移动几步，网络连接就会立即恢复正常。

● 手机关机时，它还在工作吗？它能收到信息吗？

手机关机时无法收发信息。但是，当手机处于待机状态（即保持开机状态，但不执行通话任务）时，它会持续从中继器接收信号，并向其发送信号。它需要向中继器发送我们的位置，这样别人才能找到我们。

● 什么是"飞行模式"?

飞行模式会阻断手机接收和发送的所有信号。一旦开启这个模式，手机就像关了机一样，但是，我们还可以查看手机里的内容：我们可以浏览以前上传的照片或视频。在已经设置为飞行模式的状态下，手机的收发功能将被封锁，此时它既不发射电磁波，也不接收电磁波。

● 没有信号时，即使是专家也无可奈何。这时，有别的处理办法吗?

没有信号，需要找出原因。实在不行，就先走到信号更强一点的地方试试，这可能是唯一的解决办法。

思考

手机的确给我们带来了许多美好的体验，与此同时，人们也不断有新的担忧和顾虑。

一旦手机信号不好，人们就开始焦虑，费劲地搜索信号，消耗电池电量，手机开始发烫。人们互相询问："你还剩几格电？"而仅仅几年前，人们还从未遇到这个问题。我们寻找卫星网络，探索其他连接方式，被卷入不同运营商之间的竞争，而他们争相承诺给我们提供更好的网络。但是，我们也可以把信号不好视为一个短暂逃避的机会。因为在过去，如

灵光一现

创造信号！

所需物品
两部智能手机
毛巾
纸
铝箔

1 拿出两部智能手机，用毛巾包住其中一部。然后，用另一部手机尝试拨打被包住的那部智能手机的号码。你会发现：电话铃一响，你就可以接通电话。即使你把电话转移到另一个房间，也同样能够接通。

2 用纸包住智能手机，重复同样的操作，手机会再次响起。

3 用铝箔包住智能手机，尝试拨打电话。这次可就不一样啦。如果你再加一层或两层铝箔，即使两部手机之间相距并不算远，手机也无法再接收信号了。

这是因为电磁波能够顺利穿过毛巾和纸张，却容易被铝制品屏蔽。

果下班后还能随时联系到你，老板得给你涨薪水。而现在呢，我们随时随地都有可能突然接到老板的电话，而且没有加薪！

③ 关于手机要记住的3件事

- ☑ 手机是一个收发器，可以接收和发射无形的电磁波。
- ☑ 其实，信号较弱时，可以试试在空中随意挥舞手机。
- ☑ 当你所在的区域信号较弱时，唯一的解决办法就是不断移动……或者无奈接受。

我们与帕多瓦大学计算机科学专业的讲师**尼古拉·奥里奥**（Nicola Orio）聊了聊增强现实技术。

增强现实
有多厉害？

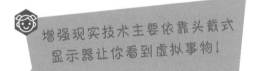

增强现实技术主要依靠头戴式显示器让你看到虚拟事物！

头戴式显示器会带你进入另一个世界。

戴上魔法眼镜，我们可能会看见幽灵。

我觉得使用增强现实技术就像用双筒望远镜看东西一样。

在一家博物馆里，增强现实技术会给你营造出一种身处猛犸象群中的感觉！

在自然界中，每个物种都生活在自己的感官世界中：蝙蝠用高度敏感的耳朵来感知现实；在苍蝇眼中，现实看起来就像是打了"马赛克"；而我们人类呢，则越来越倾向于通过发明新技术来观察认识世界。

我们已经发明了"第六感"，借助丰富多元的信息来观察现实。

自20世纪60年代末起，增强现实技术出现在人们的视野中。当时的伊万·萨瑟兰（Ivan Sutherland），一位计算机天才，想象出了一种特殊的眼镜，它能够为我们呈现人类目力所不能及的世界，我们能够凭借它观察其中的每一个细节。

与虚拟现实不同，增强现实并不会创造本不存在的世界。它只是对现实加以丰富、整合和调整，并扩充额外的信息。

增强现实可以用于军事目的（如飞行员的飞行测试），也可以用于医学和科学研究。比如，有人想造出虚拟视网膜，应用在有严重视力问题的人身上。不仅如此，增强现实对学习也大有裨益。在考古发掘中，它能让古希腊、罗马的城市重获新生；通过增强现实，我们甚至可以参观庞贝古城，仿佛它从未被摧毁过一样！

● 什么是"增强现实"？

增强现实是指通过技术手段，借助虚拟信息和感官刺激来丰富现实体验。比如，在我们欣赏风景时，我们的手机或一副特殊的眼镜，会基于风景本身给我们提供额外的信息，这就是增强现实。

● 关于"增强现实"的实例。

想象一下，一次愉快的乡下远足，你爬上山，站在山顶，周围都是雪峰。然后，你从口袋里掏出手机，对准景观，此时，手机里会立刻显示出景观的名字。如果你想要了解景观因全球变暖而发生的变化，该应用程序便会向你展示雪和冰川的逐年变化趋势。我们可以通过许多不同的信息，来丰富对美丽山地景观的体验。

● "增强现实"的设计初衷是"增加"信息（文字、图像、视频等）。

增强现实技术能提高我们在特定地点的参与度。不仅如此，它还能提高我们的技能，扩充我们的知识。更多的参与会使我们乐在其中，拥有更强的求知欲。

● 这种增强体验是如何实现的？

首先，增强现实的数据分析系统需要了解用户所处位置的实地情况。如果是在山里，那么就需要GPS（全球定位系统）定位；通过高度计，可以了解此处的实际海拔；手机上配置的罗盘会告诉用户正在望向何方；通过计算手机的倾斜角度，系统决定即将显示在用户屏幕上的内容。这就是增强现实。

当然，在某些情况下，就连系统也无法确定用户正在拿着手机看什么。这时，增强现实便会以图像识别为基础：只要手机（或眼镜）面向一个方向，摄像头就会识别它面前的东西并添加信息。例如，你正在看一幅画，画中的人物可能会立刻活过来，并开始说话。你也可能看到与作者、使用技巧、历史时期有关的信息。

比现实更加真实

●这种"增强现实"的使用范围究竟有多大呢？可添加的信息量是否有限呢？

　　增强现实的确会受到一定的技术限制，因为手机的内存容量有限，无法容纳过多的动画或三维模型。

　　此外，还有人本身的限制：过多的信息会把人吓到，令人一时间眼花缭乱。

●未来的博物馆会是什么样子呢？

　　参观者将能够和博物馆展出的物品互动。当我们望向一件艺术作品或用手机对准它时，也就是当我们表露出对作品的兴趣时，作品就能与我们交流互动。当然，解说也至关重要：增强现实的解说能陪着我们参观，就

好像我们身边真有一位向导一样。而通过与作品的互动，我们也能够获得自己感兴趣的信息。

●增强现实技术也被大量应用于电子游戏中，这是未来的发展趋势吗？

　　电子游戏运用的实际上是虚拟现实技术，它呈现的是完全虚拟的现实。而增强现实却是人对现实的体验，只是在其中加入了丰富的虚拟信息，核心理念是让体验者感到身处现实之中。

　　"人们往往容易混淆'虚拟现实'和'增强现实'。"

——尼古拉·奥里奥

● 在将来，我们都会佩戴特殊眼镜来读取这些信息吗？

我们可能不会人人都有一副特殊的眼镜，但是，这种特殊眼镜可能会应用在越来越多的场合中，例如博物馆、电影院和剧院。

既然我们需要知道的一切，增强现实技术都能告诉我们，那么我们的学习动力是否会相对减少呢？

恰恰相反，我们学习的欲望可能会大大增加，因为增强现实技术将会激励我们在感兴趣的点上不断深挖下去。

灵光一现

DIY增强现实

所需物品
一张透明描图纸（在文具店极易找到）
一张纸
一支铅笔
一把尺子
一支细尖的画笔，用于在描图纸上书写
剪刀
胶带
一部智能手机

1 在纸上画一个下底为6厘米、高为3厘米、上底为1厘米的梯形。

2 在纸上覆盖透明描图纸，用画笔描出梯形。在透明描图纸的其他地方重复这一步骤，画出另外四个一模一样的梯形。然后，把所有梯形剪下来，用胶带粘在一起，把斜面连接起来，制成一个有方形底座，但缺少顶端的金字塔。

3 用智能手机在互联网上搜索增强现实的视频。你可以输入"全息视频"词条，查找各种各样的精彩视频，有的视频里有游动的鱼。你有可能会看到：在黑色的背景上，四条鱼分布在正方形的四端，朝四个方向游动。

4 把视频设置为"全屏"播放，然后按下暂停键。将智能手机屏幕向上平放在桌子上，拿起无顶的金字塔，将它倒置在手机屏幕上，对准视频的中间位置。注意：金字塔宽大的底部应该朝上。

5 关掉灯光，开始播放视频。你会看见手机屏幕上投射出来的鱼儿，好像在手机外面游泳一样。

这是在你家里就能实现的一个增强现实技术！

这种丰富我们感官体验的技术，其实有多种有趣的用途。通过这一技术，我们可以提前看到新房的装修效果，选择最合适的家具。建筑师将不再需要用小型模型来做设计，因为客户能够通过增强现实技术，在真实环境中直接欣赏设计成品。

但是，在"增强现实"的运用中，也不乏一些危险因素。当我们沉浸于感官体验的时候，看到我们的人可能觉得我们很奇怪，我们会在城市中徘徊，沉浸在只有自己能够观看的动画中。而且，还存在隐私问题，因为它需要使用我们的个人数据：在增强现实技术下，我们可以掌控所有周围人的信息。

这些问题亟待解决，因为在未来，我们将更多地生活在虚拟与现实相结合的状态中，不仅存在真实的物体，也存在"数字物体"。

或许有一天，我们能够把增强现实设备的处理器直接插入眼睛的视网膜中，已经有科学家开始进行类似实验了。但最关键的一点，是我们的大脑始终需要保持与增强现实设备连通，随时准备自主处理各类数据。

3 关于增强现实要记住的3件事

☑ 要想使用增强现实技术，往往需要输入大量的信息。

☑ 在未来的博物馆里，我们将可以直接与艺术作品对话。

☑ 增强现实技术将会激发我们的学习欲望。

我们与纽约大学深度学习领域的研究员兼讲师**阿尔弗雷多·坎齐亚尼**（Alfredo Canziani）聊了聊自动驾驶汽车。

汽车是如何
自动驾驶的？

不必手握方向盘，汽车就能把你送到目的地。

汽车可以通过前灯探知附近是否有另一辆车。

当然是用汽车的雷达来驱动的！

有可能汽车上会有一个麦克风，你告诉它怎么做，它就怎么做。

车内的驾驶员可以借此机会悠闲地欣赏美景啦。

部分汽车有自动驾驶功能：如果驾驶员没有将车辆调整到车道中间，那么汽车会自动转向，并回到车道中间；如果驾驶途中出现异常，那么汽车会询问驾驶员是否感到疲惫，并显示附近最近的休息站。

面向方向盘的驾驶员，从来不会感到孤独。

自动驾驶是伟大的技术革新之一。如今，汽车逐渐开始具备不同程度的自动驾驶功能。现在市面上的汽车几乎都已经有"一级"自动驾驶技术：汽车上配有各类传感器，它们能分析周围的环境，识别潜在的危险并提醒驾驶员，随后，驾驶员做出反应。还有一些汽车具有"辅助驾驶"功能：它们可以在道路上按照设定的速度匀速前行，并及时刹车，避免与其他车辆碰撞或追尾。尽管如此，驾驶员仍然是汽车的掌控者，驾驶员必须将手放在方向盘上，时刻准备掌控汽车。一些人正在尝试研究所谓的"三级"自动驾驶汽车，即汽车自行驱动：它可以按照给定的路线加速、刹车、监测交通、发出指示和转向。如果有行人突然横穿马路，汽车能够立即刹车（当然，这只是一种理想状态）。

● 所有的汽车都能自动驾驶吗？

理论上，所有的汽车都能自动驱动：任何可以加速、刹车和转向的汽车都可以成为自动驾驶汽车。当然，需要给它配备合适的设备、摄像头和传感器。在配备齐全后，它就可以在无人驾驶的情况下自动行驶，在需要的时候接走它的主人，在需要泊车时自行寻找停车位。此时，驾驶员就不必再坐在车内费力寻找车位。

● 但是，汽车可以在公路上自动行驶吗？它们是否需要可控的环境，是否需要对道路进行改造？

如果有专门为自动驾驶设计的道路，那么汽车自动行驶起来就会更容易。

"有趣的是，自动驾驶车辆上路，必须能够适应专门为人驾驶设置的驾驶条件。"

——阿尔弗雷多·坎齐亚尼

所以，研究人员需要在汽车的车载计算机里，输入所有原本为人驾驶设计的信息，例如沥青路面上的路标、救护车鸣笛等音频信号、警用闪光灯，并使它能够在同样为人设计的路况和环境中顺利地操控汽车。

● 汽车如何实现自动驾驶？

要想实现汽车自动驾驶，就必须在车内安装有自动驾驶系统的计算机。那么，接下来我们需要面对的问题便是：如何训练这种计算机。

在这方面，主要存在两种技术。

第一种技术是虚拟电子游戏技术。当玩家面对全新的游戏场景时，可能会多次犯错，难以顺利通关。在汽车驾驶类电子游戏中，也会出现同样的情况：车辆可能会偶尔偏离车道，驶向错误的方向。好在这只是虚拟游戏，并不会造成任何严重的实质性交通事故。但是，我们可以借助这一技术预测在现实环境中可能发生的交通事故，并尽可能地避免。

而另一种技术则更贴近现实。例如，当一个小男孩开着大人的汽车行驶在路上时，如果车子驶离车道，极易造成危险事故。为避免此类情况，有必要提前设想某些行动可能造成的后果。要想实现这一点，就需要建立

自动驾驶汽车

后方雷达、超声波和激光传感器

高精度的激光传感器和摄像头

前方雷达、超声波和激光传感器

一个经过专门训练、能够预测未来走向的神经网络，即一种能够处理大量相互关联的信息的人工智能，让它以类似于人脑的方式进行"推理"和学习。这就是研究者现在正在推进的工作。

● 汽车能看清它周围的东西吗？还是有一只"大眼睛"在它上方帮忙看着路，来指引车子？

要想实现"看"这个动作，需要具备理解和分析图像或录像内容的能力，这就是"深度学习"的学科内容。在五年前，如果我们向计算机展示一幅图像，它只能观察到图像的像素（即图像的组成部分），却无法理解图像的内容。

而近年来，在同一时间段内，计算机的工作量已有显著提升。借助其庞大的计算能力，我们能够提炼出一系列层次划分明确的信息。新一代计算机已经能够提取大量有效信息，并以类似于人的方式行事。

我们虽然不清楚这些神经网络究竟是如何"观察"路况的，但是，我们知道它们具有自主执行任务的能力。汽车是如何接受训练的，我们已经有所了解。然而汽车究竟是如何自动驾驶的，我们不得而知。我们也无法洞悉它是如何根据所观察到的情况，选择相应的操作的。

● 乘坐自动驾驶汽车是什么感觉？如果我们把所有的事情都交给它来做，那我们岂不是很轻松？

一开始，坐在自动驾驶汽车上的乘客的心情可能会比较复杂：快乐和激动之余，还会感到有点儿害怕。将自己完全托付给尚未经过充分测试的自动驾驶汽车，这的确会令人有些不安。

但是，据研究人员称，得益于多位专家的贡献，我们可以为汽车提供完备的驾驶训练。汽车在经过训练之后，掌握的知识将会比专家原本输入的还要多。这些汽车会行驶得非常顺利，让乘客最终放松警惕。然而，其中也难免隐含许多危险因素。

● 如果发生交通事故，该归咎于谁？这是人的错还是汽车的错？

这个问题很难回答。如果发生事故，则意味着出现了前所未有的状况，先前的训练无法为这一事件提供指导信息。

如果我们用预测模型对汽车进行训练，那么将大大减少不可预见的危险；一旦我们能预先感知某种情况，就更容易改变汽车的行车轨迹，或许就能避免事故。

当然，驾驶汽车的事故是不易避免的，即使是最好的驾驶员来掌控方向盘。

🜍 灵光一现

自动驾驶

所需物品
一个眼罩
一根棍子
纸
一支笔

1　两个玩家规定一条能穿过屋子的路线。例如，从卧室走到客厅的路线。

2　一个玩家拿着棍子，走到卧室，并将眼睛蒙上；另一个玩家则拿着笔和纸，待在客厅里。

3　卧室里的玩家尝试拄着棍子到达客厅。由于不能用眼睛观察，他必须将棍子作为"传感器"来确定自己的方向，他需要探测障碍物并相应地移动。他必须说出沿途感受到的一切事物，以便同伴在纸上标记。

4　在游戏结束时，玩家可以摘下眼罩，观察他刚刚走过的路线。通过这种方式，两人能够体验到汽车自动驾驶时的基本情况，即只依靠汽车配备的传感器向前行驶。

既然在发生事故后追究责任并非易事，我们何不退一步问问自己，为什么要让汽车自动驾驶？

我们设计自动驾驶汽车的一个目标是：尽可能地避免由于人的分心而导致的事故，毕竟此类事故不胜枚举；此外，我们还想让残疾人受益；同时，这也可以改善交通秩序，使它变得更合理，例如，避免周五下午高峰时段不必要的拥堵。

然而有的时候，即便是再"智能化"的汽车也会出错。比如，日落时分的阳光穿过护栏，光学仪器分析时，可能会把它和公路上的白线混淆，受它的误导，自动驾驶汽车可能无法与高速公路上的白线对齐。此时，如果驾驶员没有及时采取措施，就会很容易发生交通事故。

最关键的一点是，如今我们还没有发明出能真正预见所有交通状况的汽车，即那种能预测最奇怪、最荒唐状况的汽车。汽车只有两个发展趋势：要么变得更加智能，要么继续依赖人的帮助。

这其实是"共生关系"中产生的错误。这种说法是指：如果我们过于依赖自动化技术，在未来，我们将会把越来越多的任务委托给它。我们人类无法做到完全不犯错，汽车也是如此。但人脑与汽车相比，具有一个优势：人类大脑能够随机应变，可以更好、更迅速地处理各种情况。

3 关于自动驾驶汽车要记住的3件事

☑ 有一天，我们的汽车将能够完全自主地驾驶。

☑ 计算机已经学会了自主驱动汽车，但是，我们还不知道它究竟如何运作。

☑ 乘坐自动驾驶汽车的旅行会非常无聊，但这也能给驾驶员腾出大量的空闲时间。

我们与比萨大学物理学讲师兼物理仪器博物馆馆长**塞尔吉奥·朱迪奇**（Sergio Giudici）聊了聊智能手机。

智能手机是
如何给我们定位的？

每部手机都有一个内置GPS，它会与一个卫星连接。

它几乎就像一个摄像头，能够实时监测我们的位置。

如果我不认识路，也没有导航仪，我就用指南针来辨别方向。

有时，你觉得是手机导航指错了路，但其实是你没有认真听。

智能手机的智能体现在很多方面：计算、存储和连接。除此之外，它最厉害的智能在于，尽管它随时处于移动状态，但它总能清楚地知道自己在哪里。即便是在天涯海角，也能准确定位。

智能手机能够自己定位，所以它能给你导航。

它的这个能力要归功于精密的GPS系统，GPS系统的全名为"全球定位系统"，能让手机与围绕地球运行的人造卫星、电话网络单元相连。

GPS用途广泛。由于GPS的存在，你可以在一座城市中确定自己的方位；还可以把手机作为一个防盗装置：通过应用程序，你可以实时监测车辆是否还停在原处。世界上所有的警察都用GPS系统来追踪犯罪嫌疑人或通缉犯的地理位置。总之，它能提供海量的信息，具备大量的新功能，但也剥夺了人的部分隐私。

● "地理定位"是什么意思？

"地理定位"是指在全球范围内，确定GPS接收器或任何其他目标物的位置。要想知道具体位置，就需要知道两个数据：纬度和经度。

● 在地理上，智能手机是否强大至极？

智能手机里有熟知地理的软件。但地理学又分为多种类型，比如自然、人文、经济地理等。智能手机运用的是"数学地理"，即用几何学术语描述地球。它需要知道目标物（街道、广场、建筑物）的坐标，以及各个地点的名字清单。

● 用GPS定位，是不是有点像在航海游戏里操纵战舰？

两者大体相似。要想用GPS确定一个地点，需要找到子午线和平行线的交点，这与在海战中通过纵坐标和横坐标确定目标相似。

"GPS懂得用几何术语描述地球，GPS的内置列表用名称和数值代表各个位置。"

——塞尔吉奥·朱迪奇

● 智能手机的误差大概有几米？它的定位准不准确？可信吗？

智能手机内置的GPS系统通常能够在户外定位，误差在5到10米之间，主要取决于大气气象条件。

在室内，其定位功能将大大减弱。因为我们头顶上的天花板会阻隔智能手机接收到的电磁波，并降低其分辨位置的能力。

然而，手机在封闭空间里的定位功能，也逐渐变得重要起来。有许多大面积的室内场所（如地铁站），如果在那里仍然能够准确定位，GPS将会变得更加实用。但是，在这种情况下，还需考虑到另外一个问题：地铁站位于地下，并不能很好地接收电磁波。

此外，GPS系统在水下也不起作用：潜水艇无法用GPS系统进行定位，因为它的信号无法到达海洋深处。

● 智能手机如何监测我们的动向？它是否一直在监视着我们？

智能手机一直在持续监测着我们的动向。每隔一两秒，系统就会计算出手机所在的坐标，并用空间距离变化除以时间，计算我们的移动速度。如果它知道一秒钟内我们的位置变化，就能计算两个位置之间的距离，并将其除以时间（在这个例子里是一

你知道自己在哪里吗？

秒钟），从而得出速度。它还知道我们前进的方向，方向会显示在地图上，比如，它知道一辆行驶中的车辆朝向哪里。

● 这些新技术，会不会使我们丧失在空间中辨认方向的能力？

使用GPS系统会使我们的生活更加便捷，与此同时，我们也会过于依赖它，以至于忘记了原本辨认方向的方法。在伦敦进行的一项研究表明，经常使用GPS系统的人，无法直接看懂城市地图。如果被带到一个陌生的地方，他们将很难自己走回家。

但无论如何，我们最终都会快速适应周围的环境，GPS系统也不会剥夺我们辨认方向的能力。

● 我们应该永远遵循导航的建议吗？

有时GPS系统不太了解你所行驶线路的真实情况，有时地图还没来得及根据实际情况更新。它甚至可能觉得某条路不存在，或者把道路的空间布局完全弄错。

如果市政府近期重新规定了某条道路上车辆的行驶方向，它可能还会根据老的规定建议"尽快调头"，尽管事实并非如此。

它的确是一个有用的工具，但是在使用时，必须将其与常识相结合。所有的技术都是如此。

 思考

很久以前，人们依靠观察星星确定自己的方向。今天，我们可以依靠经度和纬度来实现定位。

这些都是非常重要的概念，因为地理定位有着古老悠久的历史，从人类发明"地理网格"就开始存在。"地理网格"是一个由假想的多边形网格线条、经线和纬线组成的系统，使人能够定位地球表面的任何一个坐标点：每一个坐标点都由经度和纬度组成。而智能手机则通过计算这些坐标来进行定位并了解定位点周围的实况，比如街道、商店、加油站等。这就是导航仪创造的所谓的"数字地理"。

重要的是，我们不应忘记前人的付出，他们通过自身的努力，为我们如今掌握这些知识打下了基础，基于此，我们今天才有机会使用智能手机。

计算纬度非常容易，古时人类便知道如何实现：只需测量北极星、南十字星甚至太阳在地平线以上的高度。

然而，计算经度却非常困难。在很长一段时间里，这都是一个大问题。如果导航仪出了错，即便是极其微小的偏差，水手都有可能在海上航行数月，却发现自己身处一个与目的地截然不同的地方。

人工智能大揭秘（上册）

这是一个非常重要的需要解决的问题，以至于在1714年，英国议会决定，谁要是能找到经度的计算方法，就为谁提供丰厚的奖金。

众多科学家立即分为两派：一派由天文学家组成，他们观测天空，提出通过计算恒星与月球的距离，来计算经度。另一派则由约翰·哈里森（John Harrison）主导。作为一位自学成才的钟表匠，他以一种完全不同的方式进行计算。他不观测天空，而只观察他的手表。他意识到，将手表精确地调到本初子午线的标准时间（即伦敦格林尼治标准时间，0°经线时间），并在不同地区记录太阳在正午位置的时间，就可以精确地计算出经度。这只需一个运作良好的时钟就能完成。

英国人不知道该把奖颁给谁，想了很久，最后决定把奖金一分为二，分别颁给这两种方法的不同设计者：英国所有的天文学家和极其固执的哈里森先生！

所需物品
纸
笔
一个秒表

1 计划一次旅行并规定起点和终点。比方说，你可以拿家当起点，走到公园去。首先，你需要从所有可行的路线中选择一条你最喜欢的。

2 当你沿着该路线行走时，数一数沿途的步数，并用秒表测量抵达目的地所需的时间。

3 回到起点，改变路线，重玩一次。你可以多试两次，不断改变行进路线，同时计算一下你的步数和测量路途的所需时间，并在纸上记录下来。此外，你还可以记录一下途中遇见的障碍物、红绿灯或人行横道。

4 比较每条路线的步数和你所花的时间。你会发现，步数最少的路线未必最短；在旅途中，障碍物可能会减慢你的行进速度。

你觉得哪条路线最轻松，同时花费的时间也最少呢？你会发现，自己很难给出一个答案，因为这需要通过所有导航仪，包括智能手机内置的导航仪，使用非常复杂的程序来计算！

③ **关于地理定位要记住的3件事**

☑ 地理学不止一种，它有多种分类，智能手机所运用的是数学地理。

☑ 在空旷的地方，卫星很容易找到你，而在室内，卫星就很难找到你啦，在水下几乎不可能。

☑ 在公路上，导航仪"尽快调头"的经典指示不一定有用。

我们与意大利国家研究委员会（CNR）研究员**乔瓦尼·卡鲁索**（Giovanni Caruso）聊了聊触摸屏。

为什么触摸屏
可以感受到我的触碰?

触摸屏——可以用手指触摸的屏幕。

我觉得，触摸屏之所以能知道我在触摸它，是因为它有传感器。

我认为，玻璃下面藏着能让计算机工作的所有零件。

手机或平板电脑的屏幕就是触摸屏。

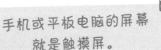
触摸屏下面装有许多齿轮、微型SIM卡、微型SD卡，以及那些你在电影中看到的绿色芯片……

触摸屏是一个会发出一种奇怪蓝光的显示器，我们每天都会用它很久。它会把我们带入一个虚拟世界，能带给我们各种美妙的体验，但也有些让人担忧。如今，触摸屏无处不在：家里、商场、医院、博物馆……只要轻轻一碰，它们就会瞬间开始运转。

这就像魔术一样!

在屏幕上，肉眼不可见的电子流随时都在监测我们触摸的位置。我们用手指随意触摸屏幕，它们便会向计算机发送信号，让我们能移动图标、使用地图、探索虚拟世界、放大图片。拿着手机的我们也是小型"赛博格"——人类和机器的混合产物。

"触摸屏的结构有点像蹦蹦床：我们触摸它时，就像蹦蹦床的垫子下沉；而当我们放开手指时，垫子又弹回原来的位置。在手指接触的地方，电子垫下沉，电子仪器计算出触摸的位置，然后将位置信息传送到下面的系统。"

—— 乔瓦尼·卡鲁索

● 触摸屏有生命吗？

触摸屏就像键盘或鼠标一样"有生命"。事实上，它是一个能对我们的触摸做出反应的表层结构。与此同时，它还能够与手机或电脑内所有能分析手指接触指令的部件配合工作。

● 当我们触碰触摸屏时，看起来只是简单地把手指放在玻璃上，这背后还隐藏着哪些操作呢？

智能手机和平板电脑的触摸屏都由钢化玻璃制成，具有很强的抗压能力，可以承受冲击（但是，一般来讲，如果掉在地上，它们还是很有可能会被摔碎）。这种玻璃上面有我们看不见的导电层，这是一种能产生电场的"电子垫"。当我们用手指触摸屏幕时，触摸的区域会产生变化。

● 如果几根手指在不同的地方同时触摸它，它会变糊涂吗？

触摸屏对不同触摸方式的反应能力，取决于它的基础系统的性能。有的能够同时检测到几个触摸源，因为玻璃下面有一个名为"控制器"的系统，能够检测到不同地方的触碰。

尽管如此，为了正常运作，操作系统（例如我们所说的安卓或iOS系统）也需要解读这些手势，把它们变成一个个精确的命令。

● 你可以用触摸屏进行多项操作：拉开手指间距，图像就会展开；用手指从右向左划，便可以切换屏幕……

想象一下你在蹦蹦床上蹦蹦跳跳的场景，当你的手指点击触摸屏时，它就像是跳蹦蹦床的小人一样。

如果我们在阅读时用手指从右向左划，系统会感知、解读触摸的顺序，并将其转化为"翻页"的指令。如果我们拉开两根手指的间距，系统会将其解读为两个点正在拉开距离，通过特殊的计算方法，这些信息会被转化为"将对象放大"的指令。

这个动作实际上是由编写操作系统的人，即开发操作系统的程序员或工程师定义的。

一触即发

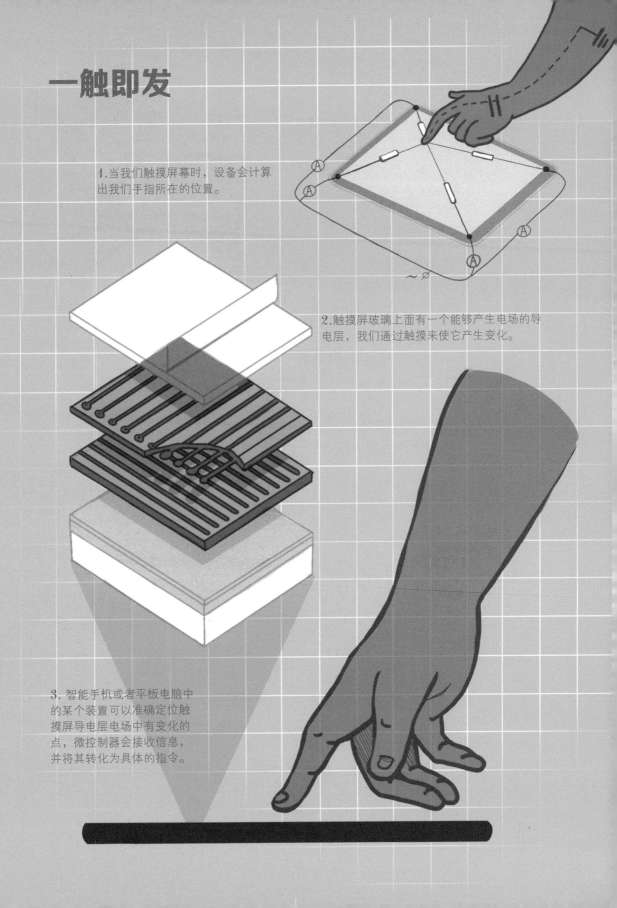

1.当我们触摸屏幕时，设备会计算出我们手指所在的位置。

2.触摸屏玻璃上面有一个能够产生电场的导电层，我们通过触摸来使它产生变化。

3.智能手机或者平板电脑中的某个装置可以准确定位触摸屏导电层电场中有变化的点，微控制器会接收信息，并将其转化为具体的指令。

● 触摸屏是只会听我们的命令，还是会随着时间的推移，不断向我们学习并与我们互动？

触摸屏仅仅是执行者，它会根据我们使用的应用程序来解读我们的触摸。

如果在手机处于"息屏"状态时用手指触摸屏幕，手机就会明白这是要求打开主屏幕、显示屏幕内容。

再比如说，如果我们需要编辑短信，它就分析我们在屏幕上触摸的位置，并区分我们打的字母。它只执行任务，不会向我们学习。它只从程序员那里学习它应当执行的任务！

● 当触摸屏卡住时，除了关机和重启以外，有没有其他更好的解决办法？

关机和重启绝对是计算机领域中的首要解决方案！

如果还不行，那就需要检查屏幕表面。有时，我们可能会不自觉地用湿手去触摸它，不小心将几滴水或污垢留在表面上，这些会干扰我们的触摸。在这种情况下，只需拿一张纸巾，充分擦干表面并去除污垢，屏幕就会恢复并正常运作。如果它仍然卡住不动，那除了再试试关机和重启以外，就没有更好的办法了。

💡 思考

关于触摸屏，有一个科学上的小秘密：即便没有阅读说明书，儿童依然能够凭直觉操作触摸屏。

这一现象很难解释，因为大脑进化的目标，并不包括让我们生下来就会用触摸屏，毕竟人类开始进化的时候，肯定没有触摸屏！

我们也很难断定，儿童是否是在使用触摸屏的过程中，逐渐明白它的操作方法的，因为他们好像拿到触摸屏就会用。

我们不妨大胆假设：在现实中，我们的大脑不仅用于执行特定的任务，而且可以同时处理多个任务。在这种情况下，大脑具有一种"可塑性"，显然儿童的大脑最具可塑性。比如说，虽然大脑的进化并不是为了让我们生来就会阅读和写作，但是我们还是知道如何通过大脑的其他功能区，来很好地完成阅读和写作。

同样，当面临新的挑战时，儿童会使用他们已经学会的能力，并以新的方式运用这些能力。

现在的孩子是真正的"数字原住民"，从出生起，他们就已经习惯于与触摸屏和电脑互动了。

⚗ 灵光一现

触控笔

所需物品
一支废弃的二手圆珠笔
一块厨房海绵
铝箔

1 如果你用圆珠笔点触摸屏，你会发现……它不起作用！要想让屏幕听从我们下达的指令，必须先改良一下圆珠笔。第一步，把圆珠笔各部分拆开。
2 切一小块厨房海绵，用水将它变得潮湿。把笔尖插到海绵里，笔尖要稍微往外突一点。
3 用铝箔包住整支笔芯，但是不要盖住笔尖（只用铝箔盖住部分海绵，将海绵大部分露在外面）。
4 试着用笔碰碰触摸屏：改良后的笔就能操控屏幕啦！

我们的身体里有电流，触摸屏需要通过它来工作。

普通的笔之所以不起作用，是因为塑料是一种绝缘材料，它无法让我们身体的电流通过并与屏幕接通。如果我们戴上手套，也无法用手指点屏幕。

改良后的触控笔，则会让电流从我们的身体流向铝箔（铝是一种导电材料），再从铝箔流向海绵头，有点潮湿的海绵头能够将电流导向屏幕。

---

❸ 关于触摸屏要记住的3件事

☑ 触摸屏就像一个蹦蹦床。

☑ 当触摸屏卡住时，你所要做的就是关机或者重启。

☑ 即使没人引导，儿童也能轻松使用触摸屏。

我们与比萨大学恩里科·比亚乔研究中心的生物医学工程师兼研究员**洛伦佐·科米内利**（Lorenzo Cominelli）聊了聊机器人技术。

机器人
会笑会哭吗？

我们很难断定机器人是否真的有感情。

科学家可以给机器人安装一张芯片，让它能够和人一样表达情绪。

我想要一个机器人朋友，让它替我做作业。

如果想让机器人笑，需要给它安装带有笑声的应用程序。

我不想要有情感的机器人。

我们曾多次在小说和科幻电影中幻想，当我们走进一家商店或酒店时，会有一位亲切的女士来迎接我们，她不仅能听懂我们的谈话，还能察言观色，分析我们的语气，判断我们是高兴还是生气。唯一和我们不同的是，她并非人类，而是一个会笑会哭的机器人。简言之，她是一个有情感的机器人。

除人工智能以外，我们还能模拟出人工情感吗？

有一门学科专门研究这一问题，它被称为情感机器人学。学科专家试图制造能够模拟人类情感的机器人。在谈话过程中，它们能解读人的情绪，分辨出说话人对某件事情是感到高兴、悲伤还是厌恶，并找到合适的方式与人互动。然而，我们距离创造具有情感的机器人还有很长的路要走。

情感机器人技术的发展源于这样一个想法：与传统概念里冷冰冰的机器人相比（它们只能发出机械声音），能够与人类互动的机器人更能赢得人们的喜欢。

这些机器人被应用于不同的领域。比如，在娱乐或医学治疗方面，机器人能够与那些难以与他人建立关系、表达情感的儿童互动。

如果在未来的某一天，我们能够创造出可以独立感知情绪的机器人或人形生物，这又将是另一个美好的故事啦。

⬣ 什么是情感？

情感是发生在我们体内的，情感的变化会让我们感觉到自己呼吸、心跳、出汗的变化。我们感受到自身状况的变化，尝试理解它并把它转换成一个概念——情感。

⬣ 既然机器人有身体，那它会感到兴奋吗？

机器人当然会有兴奋的感觉。它的身体越来越像人类，甚至能有情感变化。过去有一段时间里，人们认为情感会分散人的理性。然而

今天，神经科学家告诉我们，情感是决策的基础，更宽泛地说，它是推理的基础。而在人工智能里，情感也十分重要。

⬣ 机器人是会自己表达情感，还是需要人发出一个特定指令？

发出某个指令，可以诱导机器人产生情绪。但是，目前专家也正在提高机器人自身的情绪表达能力。除了能够传达、表达和处理情感之外，机器人还需要感知和理解情感。这便

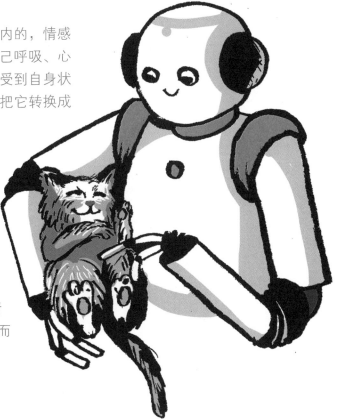

是人类致力于开发情绪感知系统的初衷。

●FACE机器人（面部机器人）这项正在进行的伟大实验，是怎样的？

显然，FACE机器人是一种非常特殊的机器，是人工智能的先驱。它是一个具有与人类相似特征和功能的机器人。它的名字是一个缩写，全称是传达情感的面部自动装置，因此，我们可以将它理解为能表达情感的面部机器人。事实上，它不仅拥有一张可以表达情绪且极其逼真的脸，还能准确理解每一种情绪。这要归功于它的图像分析系统和不同的场景数据。FACE机器人为一个有趣的问题给出了答案："如果一台机器能够感知和表达情感，会发生什么？"

●FACE机器人能笑能哭吗？

FACE机器人会微笑，也会感到悲伤，但这一切是基于认知系统的，即一个遵守特定行为规范的人工智能大脑。有的东西会让它兴奋，改变它的虚拟情绪状态，并使它做出某些特定的行为。我们可以激怒它或引导它产生比较复杂的情绪，如自信、同情或反感，这会提升其智能性，使其获得抽象的情感思维：它会对周围世界的各种事物产生喜恶，做出评价。

"FACE机器人的设计初衷是用它来理解人类的情感，但它也能识别人形机器人的情感。"

——洛伦佐·科米内利

●是否存在着一种能够识别周围人情绪的机器人？

这是肯定的。只不过，需要考虑的问题是它能有多精准。相关专家正在从事一项研究：尝试通过建造特殊的相机，开发一种能通过观察他人，了解其心理情绪状态的功能。此外，还需要记录生理参数（如心跳的加速度、呼吸的节奏）的传感器，以及做一种"感情分析"（即对语句韵律的分析）。除了听懂说话者传达的内容以外，还要从他的说话方式中获取相关信息：声音的频率、音量、语调，以及其他任何可以表明说话者心情的信息。

●为什么培养机器人的情感十分重要？

对机器人进行情感培养至关重要，因为它们正在逐渐成为我们日常生活中的一部分。在任何场景下（比如机场或火车站），机器人都需要面向公众。例如，在医院里，有用于治疗自闭症儿童的机器人，也有用于陪伴老人的机器人。那些提供服务帮助的机器人，即"服务机器人"，正变

一个机器人伙伴

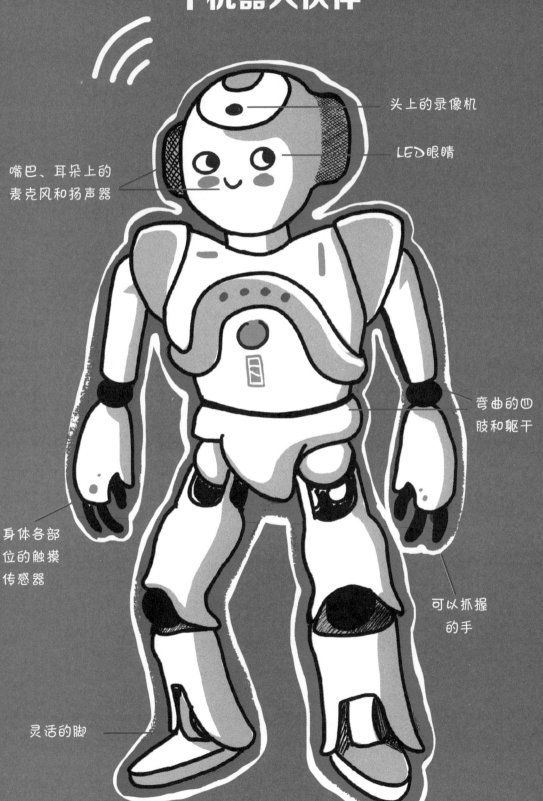

头上的录像机

LED眼睛

嘴巴、耳朵上的
麦克风和扬声器

弯曲的四
肢和躯干

身体各部
位的触摸
传感器

可以抓握
的手

灵活的脚

得越来越普遍。要想让它们与人建立情感关系，就必须使其具备互动的能力，懂得人类的语言，理解人类的所有情感。

● 人时常会产生负面情绪。那么，机器人会不会愤怒？这会不会带来危险？

负面情绪是基本的情绪，这一情绪能够帮助我们明白，哪种行为会让自己最舒服。

其实，负面情绪也适用于机器人，但关键的一点，是我们要始终牢记有些界限机器人技术不能逾越。对此，科幻作家艾萨克·阿西莫夫（Isaac Asimov）提出了一种看法：机器人不得伤害人类。机器人需要具备分辨功能，能够分辨人是想攻击别人，还是情绪比较消极，这样当我们人类与它互动时，才能保障人类自身的安全。这就像是硬币的两面，每一面都需要得到很好的处理。

● 如果想要安慰一个悲伤的机器人，让它克服某种情绪，有必要将它关机吗？

人会习惯性忘记那些没有价值的东西，或是给自己徒增烦恼的事情。机器人也是如此，它有临时记忆和长期记忆。

如果我们想与一个人建立长期关系（例如友好、信任的关系），就需要将所有已发生过的事情记在脑海中。凭借经验性记忆，我们能够利用所见、所感来做之后的决定。我们会依靠自己的感觉进行自主筛选，依靠本能来判断对错，因而非常迅速地做出重要的决定。我们正试图赋予机器人同样的本能。所以，我们并没有必要将一个悲伤的机器人关机。

💡 思考

依照大多数人的设想，机器人可能会成为人类进化的一个新阶段。在许多电影中，机器人在情感上的表现极为动人，它们与我们如此的相似，以至于人类将真实世界和虚拟世界相混淆。

然而，也有人认为，我们距离实现这些幻想还很遥远。他们可能是对的。情商包含很多内容——建立关系、接触、倾听、理解、同理心等，它在不同的文化中差异很大，因此，我们可以猜到，日本的情感机器人会不同于欧洲的情感机器人。

人类通过声音、面部表情、肢体语言等来表达自身情感，每个人的情感都是不同的。让机器人拥有情感并不容易，因为人类情感有无限的可能。

此外，机器人缺乏一项了不起的进化发明：镜像神经元。我们的大脑里有这些神经元，当我们感受到一种情绪，或感知到另一个人的情绪时，它们就会被激活。

距离让机器人具备同理心，我们还有很长的路要走：模拟和激发他人的情感是一回事，但让机器人亲身体验并有所体会又是另一回事。

🧪 灵光一现

机器人的情绪

所需物品
纸质卡片
彩笔
橡皮泥

1 和你的小伙伴一起，用彩笔在卡片上写下六种情绪，可以是快乐、悲伤、惊奇、恐惧、愤怒和惊讶。

2 每个人有20分钟的时间，背对其他人，用橡皮泥制作机器人模型，尽可能地表现它所表达的情绪。请记住，可以借助机器人身体的任意部分来实现。例如，可以将手臂交叉，以表示愤怒。

3 20分钟后，向所有人展示自己做好的机器人。大家轮流猜一猜其他人做的机器人模型表达了什么情绪。谁的机器人表达的情绪被猜中最多，谁就是赢家。

你会发现，每个人对同一种情绪会有不同的诠释，这取决于很多因素。比如，情绪产生的背景，情绪的感受者，情绪产生时周围的环境，等等。

这个游戏表明，对于机器人设计者而言，要想设计出情感是一件多么不容易的事。

---

3 关于机器人情绪要记住的3件事

☑ 情感对于推理是必不可少的。

☑ 要想安慰一个悲伤的机器人，只给它关机是不够的。

☑ 具有情感的机器人不会伤害人类，但它能够感知人类何时心情不好。

我们与的里雅斯特大学的机器人技术与人机交互专业的教授**保罗·加利纳**（Paolo Gallina）聊了聊语音助手。

语音助手是
如何工作的？

 语音助手能够说话并给我们提供帮助，但它不是人类。

有了语音助手，你可以通过说话来搜索东西。

 想唤醒语音助手，我们一般都是喊它的名字。

 一般最开始，我会问语音助手一些最无厘头、最无聊的问题，比如："茄子是什么东西？"

语音助手的声音优美动听，它似乎无所不知，即便是最细碎的问题，它也能够给出答案……

从汽车、家用电器或智能手机中，总会传出某个声音，给我们提供一些意见和建议。虽然它能同我们说话，但它并不是人类。

它为我们提供信息，出问题的时候会发出警报，平时一直等待我们的指示。它能够与烤箱、冰箱、音响互动，还能播放音乐。它是一种技术装置，陪伴在我们左右，既会向我们提

出问题，也能为我们解答问题。我们向它寻求建议，了解天气、交通等各种信息。

但是，我们真的需要这种持续的帮助吗？

我们正在步入一个人类进化的新阶段，我们创造了一个虚拟世界。现在这个世界巨大无比，充斥着各种各样的信息，就像一本巨大的百科全

书，包含了人类所知晓的一切内容。不仅如此，它还开始与日常生活中的技术对象互动。而语音助手则作为一座桥梁，将我们与这本伟大的百科全书连接在一起。"语音助手"遍布于我们生活的很多角落。

● 语音助手究竟是什么？

语音助手是一种基于NLP（即自然语言处理）的软件，它被用于分析和理解自然语言。语音助手主要负责三件事：提供服务，如开、关灯；提供信息和回答问题，比如我们向它询问"今天温度如何？"，它会立刻回答；它也有娱乐系统，比如有此系统的聊天机器人，就是一个能够与用户聊天的机器人。

● 语音助手如何理解我们的要求？

语音助手的系统相当复杂。第一阶段是"语音识别"，即分析和识别词汇。语音助手需要提前掌握语法和词汇，按照制定的规则，识别声音并生成文本。然后，需要对该文本进行分析，这主要通过一种被称为"机器学习"的混合技术实现，其中包括统计学、神经元和数据分析技术。在确定答案之后，语音助手会将其传达给用户。最后，便是通过合成声音生成语音，这也是最容易实现的一步。

"语音助手软件并非一成不变，它会随着时间的推移不断更新和升级，变得更加高效！"

——保罗·加利纳

● 人需要以简单的方式和语音助手交流，就是把它当作一个语言水平较低的小孩，对吗？

首先，需要清晰地说出每一个字，这有助于语音助手进行第一阶段的分析，即文本理解。其次，使用简单的词汇，这样可以使语音助手简化工作，提高效率。因为系统本身是根据统计里日常语言中的高频词汇设计的，而我们在说话时，又倾向于使用比较口语化的词汇，所以，简单的说话方式将会提高系统的运作效率。

语音助手软件尚未成熟，在某些方面，它仍然是一个稚嫩的"孩子"。它需要不断学习，而且随着时间的推移，它也在不断更新和进步。其实，语音助手早在20世纪60年代就诞生了，然而直到现在，它才开始顺利运作。

● 为什么无论我们向语音助手问什么问题，它都能给出答案？

就像人类（如工程师、律师、法学家）能够拥有专业化的知识体系一样，语音助手其实也是专业化的。例如，大型销售网使用的语音助手，擅长提供销售产品的信息。而国际空间站里著名的语音助手西蒙（它是一个白色的球，有一张可爱的面孔），掌握的则是宇航员所需的所有技术信息。

● 语音助手会犯错吗？

语音助手可能会犯错，这是系统的一个缺陷，或许是因为它没能完全掌握所有的技术细节，或许是因为它不具备人的大脑体系。到目前为止，没有任何一个语音助手能够通过所谓的"图灵测试"（一个"验证人工智能是不是能够思考的实体"的测试），没有哪台计算机能顺利骗过人类用户的大脑。

语音助手并不是无所不能的，因此，面对语音助手不时提供的错误信息，用户也要有分辨能力。比如，当我们使用搜索引擎搜索东西时，可能会发生这样的情况：有时我们输入一些关键词，最后得出的信息却与我们想要寻找的相去甚远。这时，我们只能通过输入更多的关键词来细化搜索。

● 那么，语音助手能否学习我们的习惯，预测我们的问题呢？

已经有能做到这一点的产品了。

零售连锁店的语音助手系统，会自动显示我们过去选择过的商品。如果我们多次向它咨询同一个产品的信息，它就会给我们推送类似的产品。

● 有了这种对我们的需求了如指掌的机器，我们的好奇心不会有所减退吗？

其实，许多技术都是由人类发明的，目的是提高人机互动效率。

有了计算器以后，虽然我们的心算能力有所下降，但与此同时，人类正在向更抽象、更复杂的概念领域迈进，而做数学题的苦差事自然就落到机器的肩上。

语音助手取代键盘并不是什么大问题。真正的问题在于，生产语音助手的公司都在努力推销自己公司的产品，这些公司可能会试图改变我们的消费习惯，并在一定程度上干扰我们的选择。

信息技术有一个分支，被称为"说服技术"。各大公司都会研究和应用各种策略和信息技术，用于诱导消费者做决定。

● 人们会对语音助手产生依恋吗？两者会成为好朋友吗？

许多研究表明，这一猜测可能会成为现实：当我们与语音助手互动时，就会产生某些心理反应，会在机

器身上隐约看到人类的影子。我们会和机器逐渐建立起一种复杂的联系，甚至可能会产生类似于友谊的情感。在这种情况下会产生一种"互惠现象"，这和朋友间互送礼物是一个道理。语音助手经常会应用这样一种互惠原则：它替我们保守秘密，而我们也会更加信任它，更多地向它表达自我，这是常见的现象之一。如果出现这种情况，我们应当警惕，尤其是当大脑尚未完全发育的儿童在与语音助手互动时。

 思考

语音助手可能只是简单的键盘替代品，也可能会成为我们无形的朋友。它还可能对我们的生活造成一定的影响，甚至限制我们的自由。

虚拟助理会逐渐了解我们，了解我们的习惯和品味，为我们建立专属档案。一台机器竟然可以预测我们的选择，这一点十分令人担忧，尤其是当机器制造者的最终目的是向我们推销产品时。

你得小心谨慎，保持清醒的头脑，不断反思。例如，借助语音助手购物真的有必要吗？有了它，人们当然不会再拿着购物清单，在超市过道上徘徊。但是，这真的能节省时间吗？我们并不确定。实际上，和带着明确的想法亲自去超市购物相比，下载、启动、学习如何使用语音助手、管理应用程序，可能需要花更多的时间。

我们需要牢记一个重要原则：好的智能技术会简化生活，方便用户，与人类共存。换言之，它会促进与人类的良性互动，而非无用的互动。

伟大的控制论学者、杰出的机器科学家——海因茨·冯·福尔斯特（Heinz von Foerster）提出了一个有关技术的重要伦理原则。他说，当我们在反思技术的时候，应该首先确保一点：我们的选择是在不断变多的。正确的技术、好的技术，只会丰富我们的选择，拉近我们与他人的关系。

🔺 灵光一现
一个随时待命的机器人

1 三至四名玩家。一个玩家扮演人类，面对墙壁。其他玩家则扮演语音助手，站在他身后，分立于房间的各个角落。

2 面对墙壁的玩家用特定的语气和表情，随机说一句话。例如，可以边打哈欠，边用困倦的声音说一句话。这时，"语音助手"需要为"人类"玩家寻找他可能需要的物品，在这个例子里，他可能需要的是一个枕头。

3 继续进行游戏，"人类"玩家继续模仿不同状况下的人说话。比如，模仿一个伤病员，模仿一个喜出望外的人，模仿一个怒火中烧的人，或模仿一个感冒的人。关键的一点在于，玩家不能明确表明自己的需求。通过观察"人类"玩家的表现，哪个"语音助手"能为他带来最有用的物品，谁就是赢家。简言之，看哪个"语音助手"像科学家正在努力开发的语音助手一样，可以从人们的表达方式中了解他们的需求。

3️⃣ 关于语音助手要记住的3件事

☑️ 语音助手是一个仍处于成长和学习阶段的初期软件。

☑️ 语音助手可能会犯错，它无法避免错误。

☑️ 尽管语音助手有时值得信赖，但是，我们人类仍要尽可能地避免向它吐露太多心声。

我们与欧洲航天局（European Space Agency，ESA）结构、机制和材料部门的负责人**托马索·吉迪尼**（Tommaso Ghidini）聊了聊月球上的生活。

人类能在
月球上生活吗？

我想，月球上的生活一定非常美妙，五彩缤纷。

人可以在月球上生活，但需要配备宇航员的头盔和制服。

如果失去重力，月球上的生活就会显得有点奇怪。

在月球上，人不能没有蔬菜、动物、房屋和氧气。

要想在月球上生活，需要重力、氧气、水、小猫、食物和其他人。

一切发生在50多年前，即1969年7月：人类第一次在地球的卫星——月球上行走。这是一个伟大的壮举，因为那里不仅没有氧气，还存在危险的辐射。最关键的是，人必须经历超过三十八万千米的漫长旅程，才能重返家园。

能在月球上生活是人类的一个伟大梦想。

这是许多科学家和科幻小说家的幻想。人类探索月球的理由多种多样：在我们的星球之外进行生存体验，不再用带过滤器的望远镜进行天文观测，寻找珍贵的稀有金属。

当然，我们不去探索月球的理由也不少：去月球旅行将耗费巨资，而且，月球的辐射非常危险，一到晚上就异常寒冷。也正是由于这些原因，自20世纪70年代以来，人类的探索激情正在不断消减。然而，近年来，

月球上的房子

太阳辐射

微陨星

宇宙射线

3D打印的保护墙

密封舱门

宇航员居住的
充气式加压舱

技术支持舱

重返月球的热情似乎被重新点燃。而且，人们在月球还发现了大量的冷冻水储备资源。这一切促成了探月梦想的重生，也许我们永无止境的登月竞赛即将重启。

● 我们为何会对月球上的生活如此感兴趣？

美国总统约翰·菲茨杰尔德·肯尼迪（John Fitzgerald Kennedy）在一场精彩演讲中说道："我们之所以要去探索月球，就是因为月球就在那里。"他想要表达的意思是，人类天生就是探索者。

如今，我们明白，在探索月球愿望的背后，其实还隐藏着许多其他原因。我们有着浓厚的科学兴趣，我们知道那里有许多珍贵的化学材料，如铂金、钛和氦–3。其中，氦–3是一种极其有趣的元素，可以让我们在未来通过核聚变生产电力，而且它放射性小，我们无须考虑放射性材料的弊端。

此外，我们还可以克服地球的限制，进行科学研究。比如我们在地球上用望远镜观察太空时，大气层会过滤掉一部分光线，干扰观察，而如果我们直接从月球上观察太空，整个太空都是黑暗的，不会过滤光线。

● 人类真的可以在月球上生活吗？

1969年，人类只在月球表面上执行了一个相当简短的任务，而如今的目标却是留在月球。因此，首先，我们必须着手准备在月球上建立一个基地，以便在其中生活。要在月球上建造基地，就需要合适的材料、工具和仪器，当然还有技术工人。人类必须将所需的一切物品运送到月球上，无论是在所需技术、后勤保障，还是在经济层面，目前这似乎都是一个不可能完成的任务。

当然，也存在另一种截然不同的选择：运用一台能够将太阳作为能源来源的3D打印机，使用月球上已有的沙子，完全自主地逐层建造基地。

"研究人员正在测试一种打印机，它可以利用太阳能，使用一种模拟月球表面尘土的材料。"

——托马索·吉迪尼

● 我们设想的月球建筑，需要模仿我们平常的房子吗？

无论在何处，家总是由大体相似的元素构成的，是一个供人休息、吃饭和放松的地方。在月球上，它还有一个额外的功能，那就是可以供宇航员进行科学研究的场所。

如果我们用3D打印机和月尘建造"房屋"的墙壁，可以对宇航员起到保护作用，使他们免受由大气缺乏造成的两大威胁：首先是微陨星的撞击，它们会不断轰击月球；其次是辐射，它会危害人的健康。因此，由3D打印机建造的墙壁将非常有用。

● 如果我们去火星居住，在月球上正常运转的一切也会在那里正常运转吗？

地球与月球之间的距离虽然超过了三十万千米，但与我们和火星之间的距离相比，并不算长。

月球是一个测试技术的好地方，我们以后将在宇宙的其他地方使用这些技术。正因为它距离我们并不算远，所以一旦在月球发生了严重的问题，宇航员可以立即中止任务并返回地球。

除了要有房子住之外，宇航员还需要设备和工具。将物品送入太空的低轨道，每千克成本约为七万欧元，把物品运送至月球每千克成本需要十几万欧元，而将物品送至火星将会耗费更多资金。由于成本较高，宇航员在月球表面所需的一部分物资将从地球上发射，以节省资金，而另一部分则只能在太空中建造。例如，我们必须使用月球（或火星）的沙尘来制造工具，但我们也需要塑料和金属。这些材料的主要来源便是人类乘坐的宇宙飞船，一旦"登月"成功，人们就不再需要它了。有了3D打印机，我们将能够把飞船上的塑料和金属，转化为在该阶段任务里能用到的东西，我们可以持续循环利用带去的物品。

● 如果宇航员受伤了怎么办？

我们在月球上开发和测试的所有技术，对抵达其他星球都将起到实际效用。由于我们与火星之间的距离过长（来回需要两年的旅程），因此，我们需要一种额外的能力——"修复"宇航员。

我们正在研究一些技术，从长远来看，借助这些技术，我们将能通过宇航员自身的细胞，制造出一部分人体。我们将能够用3D打印技术打印他们的皮肤、骨骼、器官，以防他们在发生意外时，没有充足的时间返回地球治疗。

● 当然，还有呼吸和饮食的问题……我们是否也需要用3D打印机来制作食物？

我们将把月球基地建在靠近冷冻水水源的地方，这样一来，我们就能够提取氧气并将其用于呼吸。

3D打印机将有助于解决食品问题，因为它可以打印各种食物，包括披萨。此外，吃饭不仅涉及营养问题，它也是一个愉悦心情、交流和分享的时刻，一台能够在火星或月球上制作披萨的机器，也许有助于缓解宇航员因复杂任务而产生的心理焦虑。

上有一些特殊生物，它们可以在其他星球上正常生活，被称为"嗜极生物"，即能够在极端环境中生长繁殖的生物。它们是微小的单细胞细菌，可以在极高的温度下生存，有些生物甚至可以承受超过120 ℃的高温；而有一些生物则能够生活在极寒的霜冻中；还有一些生物可以在超强的高压下生活，在具有腐蚀性的酸性盐中生活，在没有任何氧气的环境里生活……无论面对怎样极端的环境，这些生物都能存活下来。它们是地球上现存的最古老的生物体，比我们更早探寻生存的方式，也能迅速变异，拥有最强的抵抗力。因此，即使我们人类都灭绝了，它们也必定能幸存下来。

对那些想要让我们的研究不再局限于地球的研究者而言，这一点意义重大，因为这意味着生命可以在其他星系、在与地球大致相似的行星上生存。

正是由于这些嗜极生物的存在，我们才敢大胆设想，在其他星球上，也很有可能存在类似的生命体。只是

💡 思考

人类是大型哺乳动物，要想生存下来，许多物质不可或缺，例如氧气、水、食物……因此，如果想在月球和火星上生存，研究过程肯定会相当复杂且耗费巨大。

但是，近年来我们发现，在地球

它们并非有两条胳膊和两条腿的小绿人，而是细菌。

某些杰出科学家称，只需几年时间，我们就能发现期待已久的外星生命。

③ 关于地球以外的生活要记住的3件事

✅ 由于3D打印机的出现，我们将有希望在月球上生活。

✅ 我们去探索月球，是为了给进一步探索火星并在那里定居做准备。

✅ 对我们来说，在其他星球上生活是一件相当复杂的事情，但是，能适应极端环境的陆地细菌却可以轻松做到这一点！

我们与意大利技术研究所石墨烯中心主任**维托里奥·佩莱格里尼**（Vittorio Pellegrini）聊了聊石墨烯。

为什么大家
都在谈论石墨烯？

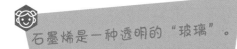

石墨烯是一种透明的"玻璃"。

用石墨烯，你既可以制造窗户，也可以制造其他物体。

石墨烯可以用来制作一所听从指令、自动开门的房子。

我认为，石墨烯是一种不会造成污染的柴油材料。

石墨烯是一种应用于未来的材料，就像水下图纸一样。

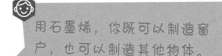

石墨烯是一种神奇的材料，它像钻石一样坚固，像塑料一样柔韧。听起来似乎不可能存在这样一种材料，但它却是真实存在的。石墨烯是透明的，薄到人需要用一个精度极高的显微镜才能观察到。所有的科学家都在关注它，因为它有可能彻底改变我们的生活。

石墨烯是纳米技术的标志性产品之一。

纳米技术领域是科学家热衷于探索的领域。科学家致力于研究极其微小的东西，它们的尺寸甚至小于十亿分之一米，约是一根头发丝直径的十万分之一。

这是科学上的一个重大发展，远远超乎人们的预想。然而，有的科学

石墨烯的世界

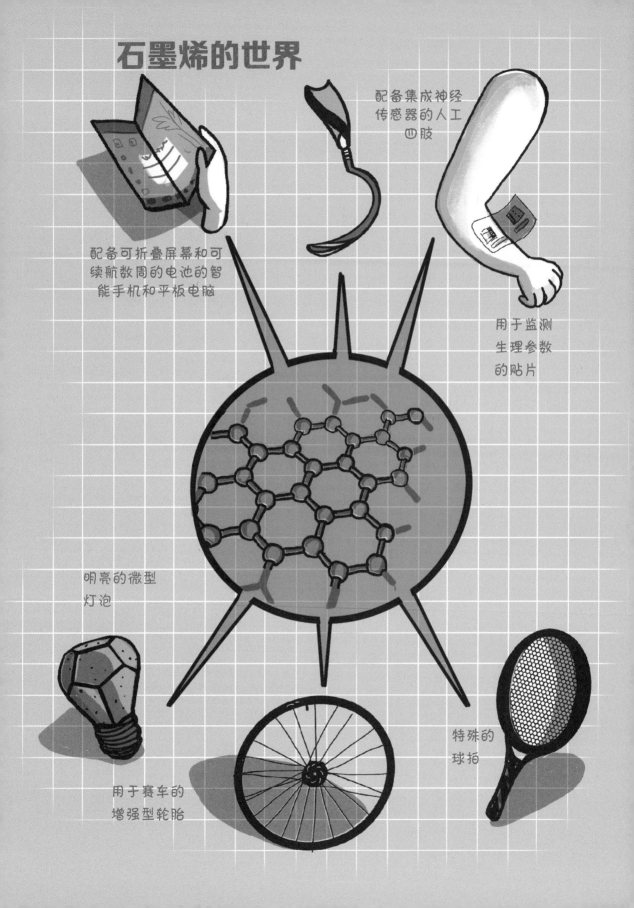

配备集成神经传感器的人工四肢

配备可折叠屏幕和可续航数周的电池的智能手机和平板电脑

用于监测生理参数的贴片

明亮的微型灯泡

用于赛车的增强型轮胎

特殊的球拍

家已经成功了。在20世纪80年代中期加利福尼亚的一场精彩的学术研讨会中，杰出的诺贝尔物理学奖获得者理查德·费曼（Richard Feynman）说道，在原子和分子之间的空隙中，其实还存在很大的空间。他甚至预测，有一天我们将拥有由单个原子和分子组成的机器。当时，人们不以为然。而三十多年后的今天，石墨烯果真被用来制造电池、胶片、灯泡和网球拍。一个近乎幻想的预测，已然成为现实。

● 什么是石墨烯？

石墨烯是一种由碳原子组成的薄片，以六边形的几何形状排列而成，结构有点像足球门网。石墨烯由单层碳原子组成，非常薄，自然界中没有比这更薄的东西。

"足球门网的厚度，大约等于1000万片石墨烯'叠起来'。"

——维托里奥·佩莱格里尼

● 石墨烯是一种存在于自然界的材料，还是由人类发明的材料？

石墨烯不是人类发明的产物，但它也并不存在于我们所理解的自然界里。

如果我们把石墨（一种人类已经认识了数百年的矿物）想象成一本由数十亿页纸组成的书，那么石墨烯只是其中的一个单页。

石墨烯在石墨里没有被剥离出来时，并没有多特别。但是，当我们设法把它从石墨中剥离出来时，它就会立刻获得独特属性，变成石墨烯。因此，并不是人类发明了石墨烯，但是，它也不是一种存在于自然界的材料，因为石墨烯的剥离，仍然需要人为干预。

● 石墨烯是一种突然成名的材料，那么它的用途是什么？

2004年，经过几十年的努力，专家将石墨烯从石墨中剥离了出来，石墨烯由此成名。将石墨烯从石墨中剥离出来，这个想法似乎非常容易实现，从石墨中取出一部分即可，但实际操作却相当复杂。两位俄罗斯科学家通过一场令人难以置信的实验（使用一块胶布和一支铅笔的尖端）首次实现了这一设想，获得的第一块碎片极其微小。但如今，人们已经开始大量生产石墨烯了。

石墨烯用途广泛，它还是比金属更好的电导体。它比钢铁强一百倍，可以承受更大的力。同时，它又有超强的韧性。就其功能而言，石墨烯比我们每天使用的许多技术强大得多。

● **石墨烯是一种特别的导体，既坚固又灵活，是一种革新的材料，那么它在日常生活中可以用来做什么？**

石墨烯综合了各种材料的不同特性，是第一个人类可操控的二维形式的物质。

石墨烯有成千上万种应用方式，但在它出现于技术、知识领域十多年后，我们仍然不清楚它最重要的用途究竟是什么。与此同时，实验也在持续进行中。

石墨烯可以导电和散热，能够用来制作房屋墙壁的涂料，而这种特殊涂料可以取代虹吸管。它还可以用来制作能导电的纺织品，并将太阳能光

电板或电池整合到衣服中。比如，我们可以在一件T恤衫上创建电路，为电池充电，操作移动电话。或许在未来，石墨烯还可以用于显示信息。

这一切，为这种神奇的多功能材料开辟了一个充满机遇的世界。

● **现在已经有了石墨烯制成的鞋子，它们穿起来舒服吗？**

与其说鞋子舒适，不如说它有奇特的功能，因为它利用了石墨烯的散热特性。铝制鞋的鞋垫一般会带给人凉爽的感觉，因为铝是一种极好的导热体，所以人的脚所产生的热量会立刻散失掉。然而，可惜的是，铝制鞋

的舒适度并不高。石墨烯可以被应用到鞋垫中，将石墨烯加入舒适鞋垫的薄膜和织物中，这样一来，它不但可以比铝箔更有效地散去脚部的热量，更加凉快，而且比铝制鞋更加舒适。

● 石墨烯是一种有污染性或危险性的材料吗？

在使用任何新材料时，我们都需要系统研究它对环境及对人的影响。自从石墨烯被分离出来后，专家就开始研究它对环境及对人的影响。研究还在持续进行中，但已有结果表明，它具有极高的生物相容性、较高的生物降解性和生物抗性。

● 研究石墨烯，需要学习哪些知识？

石墨烯是一种二维材料，关于它的研究会涉及一系列的物理和化学现象，我们需要研究碳原子之间的键以及它们的结构。研究石墨烯也要涉及生物学，它也具有生物学意义。

石墨烯作为一个典型的例子，充分说明了科学的前沿领域是跨学科研究。要想对它进行研究，化学、生物学、工程学和物理学的知识，我们都需要适当了解。

 思考

2004年，石墨烯被安德烈·海姆（Andrej Gejm）和康斯坦丁·诺沃肖洛夫（Konstantin Novosëlov）这两位科学家发现。

康斯坦丁·诺沃肖洛夫在实现这一伟大发现时年仅三十岁，六年后，因为这项发现，他与研究伙伴斩获了诺贝尔物理学奖。科学家如此年轻就获得诺贝尔奖，实属罕见。在未来，他将继续从事研究工作。

而安德烈·海姆的故事更加离奇。他出生在苏联，其祖母是一名德国犹太人，因为血统而饱受种族歧视，于是在完成了物理学学业后，他迁居荷兰。2001年，他到英国曼彻斯特工作，事业如日中天，并因其不寻常的发现而闻名，其中包括一种可以像壁虎一样粘在墙上的仿生胶带。他是一个动物迷，在2001年发表了一篇关于地球自转计算的、论证严谨周密的科学论文，还曾与他的仓鼠Tisha一同署名，这只小动物之所以能获奖，是因为它能在笼子里的跑轮上跑步。安德烈·海姆最令人震惊的成就之一是，他是世界上唯一一位同时斩获诺贝尔奖和伊格诺贝尔奖的科学家，伊格诺贝尔奖主要授予出人意料的神奇发现：他运用大磁场，使一只活青蛙飞了起来，而青蛙却毫发无损。凭借这一神奇发现，安德烈·海姆被载入了科学史册。

家里的石墨烯

所需物品
一支铅笔
胶带
牙签
橡皮泥

1 将一块胶带缠在铅笔的笔尖上，然后拆下，观察一下在有胶的部分留下的灰色光晕。那是一层用于制作铅笔芯的材料，叫作石墨，它由碳原子组成。你看到的这一层确实非常薄，但它和石墨烯的厚度还存在差距。石墨烯由单层碳原子组成，肉眼不可见。我们并未用胶带得到真正的石墨烯，但我们距离目标更进了一步。

2 我们虽然不能在家里制造石墨烯，但是，为了更好地了解它的样子，我们可以模拟它的结构。准备六个橡皮泥球，用六根牙签把它们连接起来，形成一个六边形。每边有一根牙签，橡皮泥球置于顶部。然后，继续用六个橡皮泥球和六根牙签制作更多的六边形，与第一个六边形相连。

3 想象一下，每一个橡皮泥球都是一个碳原子，而牙签是将不同碳原子连接在一起的键。你手中握着的便是一个石墨烯结构的复制品。正是因为这种结构，这种材料才有如此独特的特性。

3 关于石墨烯要记住的3件事

☑ 石墨烯存在于自然界，人类最初是用胶带获得的石墨烯！

☑ 人们可以制作导电的T恤衫，来给电池充电。

☑ 石墨烯是二维材料。

我们与博洛尼亚的科学计算中心（CINECA）的专家**亚历山德罗·马拉尼**（Alessandro Marani）聊了聊超级计算机。

什么是

超级计算机？

我认为，超级计算机是一台巨大的计算机，用过电脑，会在它的鼠标上留下指纹。

超级计算机体积很大，表面平整，配有一个非常薄的键盘，是最前沿的创新产品！

超级计算机和普通电脑差不多，唯一的不同之处在于，它会回答你问的问题。

有了超级计算机，人们可以在网上快速冲浪，在视频通话和高清视频中看到超清晰的画面……

曾经，超级计算机的体积大到足以占据整栋建筑。而如今，它看起来就像一台储存着大量信息的冰箱，只不过它散发的是热气，而非冷气。

超级计算机不仅仅是计算机，它还有多重身份。

其实，计算机就是一台用于计算的机器：我们把信息输入其中，它就可以自行处理，并提供其他数据，比如非常复杂的计算解决方案。在过去，计算机制造商一直将其最新、最强大的产品型号称为"超级计算机"，但是，如今的超级计算机早已实现了真正的质的飞跃。

与之前的计算机相比，它们不仅性能有所增强，还有诸多不同点。有了超级计算机，人们可以飞速解决一群人在一个世纪内都无法用笔和纸算出答案的问题。但是，它们仍然价格昂贵，而且只按订单生产。人们主要将此机器用于处理非常复杂的计算，给难题作答，如"四天后的天气如何"，这看起来虽然是个不值一提的小问题，但它背后有着重要意义！

● 计算机和超级计算机之间有什么区别？

计算机和超级计算机之间的主要区别在于其创造目的：超级计算机以速度为目标，作为研究的实用工具，能够尽可能快地进行大量计算。为实现这一目标，比起家里的个人计算机，超级计算机做出了许多"牺牲"：超级计算机既没有漂亮的图案，也不能负载许多实用的应用程序，因为它最关键的功能是快速进行大量计算。

● 超级计算机的构造是怎样的？是一台单独的电脑，还是许多电脑的集合体？

超级计算机由许多处理器组成。处理器是计算机的中央单元，即执行计算操作的单元。最大的超级计算机由数十万台电脑相

连而成。

它们一般会被封闭在柜子里，或根据需求摆放在合适的空间里，通过密集的电缆网络共同处理同一个问题。

● 为什么计算速度越快越好？

在历史上，研究越是深入，所

面临的挑战就越复杂，以至于人们无法用笔和纸进行计算。人们不得不花费数年时间和数量惊人的纸张，来解决复杂的方程式。自最初几台历史悠久的计算器问世以来，科学家就有预感，这种新技术在计算能力上可能会超越人类的极限。

今天，我们可以正式把计算机称为做研究的"第三种途径"。首先，计算机具有研究新思想、新概念的理论基础；其次，计算机可以帮助我们使用蒸馏器和仪器在实验室里进行实验；最后，还有计算机模拟技术，它与前两者同等重要，可以让我们得以分析各种复杂的科学现象，这些现象可能无法用实验来重现、研究及预测。

● **有超级计算机的使用实例吗？**

超级计算机可以应用于科学研究的每个分支。比如，分子动力学是对微小分子的研究，可以利用超级计算机来研究原子和分子在特定条件下如何运动；天文学可以利用超级计算机来研究星星；在生物信息学和基因学中，借助超级计算机可以研究DNA和了解特定的遗传疾病。

● **超级计算机也被用来预测天气，这是真的吗？**

进行天气预报并非易事，需要利用相关地区各个气象站记录的数据和以前的模拟数据，根据概率论进行非常精细的计算。要想了解可能发生的天气情况，需要使用相当复杂的数学模型，这就需要强大的计算能力。

天气预报模型可以预测未来若干天的天气，供民防部门使用，以避免恶劣天气可能对人民造成的危害。

> **"超级计算机属于定向生产，而非大规模生产，只为满足研究者的计算需求而建造。"**
>
> **——亚历山德罗·马拉尼**

意大利人是如何应用超级计算机的？意大利有多少台超级计算机？

在世界上有大量的超级计算机，每个国家有至少一个支持研究的计算机中心。目前最强大的超级计算机分别位于中国、日本和美国。

在意大利，有科学计算中心（CINECA），这是最重要的公共计算机研究中心：它是一个在意大利大学和科研部的支持下构建的大学联合体。其中最重要的超级计算机被称为马可尼（Marconi），以纪念著名科学家古列尔莫·马可尼（Guglielmo Marconi）。

除此之外，还有一些新进展：在欧盟发起的一个项目的支持下，在博洛尼亚上线一台名叫"莱昂纳多（Leonardo）"的超级计算机，每秒可执行250千万亿次计算操作。而且，下一代机器，即所谓的"量子计算机"的性能更令人震惊。

征服世界的超级计算机

● 马可尼有多大？人们能看见它吗？

人们很难见到马可尼，因为它一直被关在机房里。不过，你可以想象一下：将三十万台个人电脑收集起来，拆解之后，收集每个电脑的计算单元，然后把它们放在大约一百个巨大容器中，这些容器就是"柜子"。

这台超级计算机没有屏幕和鼠标。我们无法与它直接对接，或者像使用家里的个人电脑一样使用它。我们只能在获得密码和访问凭证之后，通过其他电脑操控它。

● 马可尼是如何运作的？

在科学计算中心（CINECA），人们无法直接使用马可尼进行计算，它仅用于公共研究。科学计算中心（CINECA）的职责，便是支持和帮助那些需要使用马可尼的计算能力的研究人员。该中心汇聚了一群各种各样的科学家、数学家和各学科专家，负责推进他们的工作和相互交流，帮助他们使用机器进行数学运算。

超级计算机有时会崩溃吗？

注意：超级计算机没有插头！马可尼运行时会消耗数百万瓦特的功率，大致相当于整个城区的功率消耗。因此，如果它突然崩溃，问题就严重了。通常情况下，这几十万个处理器中每天都会有某一个突然关闭或受损，这种情况几乎每天都在上演。

之所以会发生此类情况，是因为它们昼夜运行，一周七天，每天都在进行计算。所以，出现故障再正常不过了。这时，一般会有一个技术专家团队（部分来自科学计算中心，如有特殊需要会从外面请专家）介入维修或更换零件。

出现故障的那一部分处理器在维修期间会被关闭，但是马可尼仍然处于开机状态、正常运行。使用它的专家并不会注意到变化，也不会因此停下手里的研究。

💡 思考

最初的超级计算机不会突然崩溃。它没有屏幕和鼠标，是一台独立的机器。它不与用户沟通，只会接收任务，并瞬间将任务完成。将来，将会有更"超级"的计算机不断出现，超越现有的机型。

美国人、日本人和中国人争相竞争，看谁拥有世界上最强大的超级计算机。目前，美国拥有最强大的超级计算机，但在未来，这个纪录很有可能被其他国家打破。

人们可以用超级计算机来完成很多事情，比如，在不实际引爆核弹的情况下测试核武库；在安全系统中监测网络上流通的数据。我们需要一台超级计算机来了解宇宙演化之初，即大爆炸时发生的事情，同时也需要追踪地震、飓风和气候变化。有人说，

人工智能大揭秘（上册）

有一天，超级计算机甚至能够模拟人类的大脑运转。

这些超级技术最终也会被应用于普通计算机。有的电子游戏中的某些仪器，最初也被用于超级计算机。其实，早期的计算机与如今的计算机有着完全相同的发展目标。

在各个领域，人们都可以巧妙运用超级计算机展开研究。例如，堪萨斯城的一家医院用它分析了全球一千多亿条DNA序列，发现是基因突变导致一名儿童患上了肝病。最终，他们成功了，这一诊断挽救了这名小患者的生命。

但是，大自然又一次战胜了人类。DNA在极小空间内储存信息的能力无与伦比：在我们身体的三十万亿个细胞中，每个细胞都有约两米长的DNA。没有哪台计算机能够如此强大，能处理这么多的数据！

灵光一现

计算功率

所需物品
能拼出不同大小的积木
布袋
纸和笔

1 需要三个玩家。首先，给每组积木定一个精确的数值：两块拼接在一起的积木代表分数"四分之一"，四块拼接在一起的积木代表分数"二分之一"，八块拼接在一起的积木代表整数"一"。

2 将积木放在桌子中央的盒子里，然后玩家们一起坐下。每个玩家手拿一个底座用来搭积木，再拿一些纸条和一支笔。在游戏开始之前，在纸条上写下一些数字：可以是整数、小数或分数，但不能超过20。然后把纸条放进一个布袋里。

3 每人挑选一张纸条，将它展示给其他玩家。你有一分钟的时间来尝试用积木摆出这个数字。你会发现，有些数字可以用不同组合方式呈现，尤其是那些较大的数字。

4 每轮游戏中，将所挑选纸条上的数字与同伴进行比较后，将积木在底座上，一层一层地往上叠加搭建。这是一座由彩色积木搭成的计算装置。

③ 关于超级计算机要记住的3件事

- ☑ 科学计算中心（CINECA）的超级计算机马可尼，是一个巨大的柜子，里面装有三十万个处理器！
- ☑ 有一天，超级计算机甚至能够模拟人类的大脑运转。
- ☑ 预测天气是一件极其复杂的事情，它需要一台计算能力比人类更强的机器。而且永远无法准确预测四天以外的天气情况！

致谢

你先列出数字"1"，然后在后面加上一百个"0"，你写下的就是一个"古戈尔"，一个巨大无比的数字。然而，再大的数字也不足以囊括我们想要表达的感激之情。

与此同时，我们还想对那些已经被遗忘在历史长河中的科学家致以诚挚的歉意。我们甚至可以邀请阿涅斯·索纳托（Agnese Sonato）（一位相当优秀的研究者）提出一项关于"如何让歉意倍增"的精彩实验：这在带给我们乐趣的同时，也能聊表我们的歉意。

首先我们要感谢玛塔·马扎（Marta Mazza）和萨拉·迪·罗萨（Sara Di Rosa），是她们在米兰的蒙特罗萨大道上选中并主动联系我们："我们是你们的忠实听众，广播和播客的内容非常精彩，把它做成一本书吧。"除此之外，还要感谢萨拉：感谢她的耐心与毅力，感谢她的包容与谅解，感谢她在深夜仍通过电子邮件与我们沟通。在此，我们也因对她造成的各种不便诚挚道歉。

我们还要感谢瓦伦蒂娜·卡梅里尼（Valentina Camerini），她十分细致地将我们的口语文字翻译成了书面语，她所付出的辛苦努力，都足以让她获得好几个新兴科技学位了！

其次，我们要向所有的研究人员及科学家表示由衷的感谢，感谢他们愿意与我们一同合作，用通俗易懂的话语为我们讲授专业知识。

如果没有他们的贡献，这本书将无法面世！

当然，这也得益于意大利国家研究委员会（CNR）的大力支持，在委员会的一众研究所中，众多优秀的研究者兢兢业业，让本书得以面世。

他们都是触碰、预告未来的技术先驱。其中，两位热情的专家：马可·费拉佐利（Marco Ferrazzoli）和亚历山德拉·佩德兰盖鲁（Alessandra Pedranghelu）给我们提供了关键的帮助。此外，我们还要感谢热那亚的教育技术研究所，这是我们接触创新领域、与创新者取得联系的另一个媒介。我们经常前去拜访瓦莱里亚·德勒·卡夫（Valeria Delle Cave），在她的引荐下与各位专家展开交谈。同样，我们还求助了国家地球物理学和火山学研究所（INGV）、国家天体物理学研究所（INAF）、欧洲航天局（ESA）、国家核物理研究所（INFN）和国家计量学研究所（INRiM）。所有大学和研究中心都对我们的邀请做出了热情的回应，这令我们备受鼓舞。

第三个感谢致以意大利24号电台和Audible（有声书应用），这两个平台为此书的创作提供了丰富的资源、多样的工具、广阔的交流空间和负责的人员队伍，使其得以面世。亚历山德拉·斯卡里奥尼（Alessandra Scaglioni）从一开始就对这本书抱有信心，她一步步跟随我们去构思和实现。在此，我们对斯卡里奥尼，以及24号电台的法比奥·坦布里尼（Fabio Tamburini）（台长）和塞巴斯蒂安诺·巴里索尼（Sebastiano Barisoni）（副台长）表示衷心的感谢。此外，我们还要感谢众多技术人员、编辑、助理、营销人员和数字极客，他们都为这个项目花费了诸多的时间和精力。

最后，我们还要郑重感谢佐伊、达维德、埃利亚、玛尔塔、朱莉娅、比安卡、塞西莉亚、费德里科、艾玛、盖亚、马蒂亚、雅各布、尼科洛、托马索、阿曼达、伊莎贝拉、玛蒂娜、莱昂纳多、卢卡、马蒂尔德、保罗（感谢拉维尼娅老师的宝贵合作）以及所有的小朋友与青少年，是他们用稚嫩的声音提出许多精彩纷呈、轻松有趣的问题，使严肃的科技知识变得生动活泼、富有色彩。

为儿童和青少年讲述知识，也能让我们自身得到进一步的发展。

特尔莫（Telmo）和费德里科（Federico）